林下土鸡
生态放养与疾病防治技术

张 霞 皮 泉 文 明◎主编

贵州科技出版社

图书在版编目(CIP)数据

林下土鸡生态放养与疾病防治技术 / 张霞，皮泉，文明主编. -- 贵阳 : 贵州科技出版社，2020.8
ISBN 978-7-5532-0862-6

Ⅰ. ①林… Ⅱ. ①张… ②皮… ③文… Ⅲ. ①鸡-饲养管理②鸡病-防治 Ⅳ. ①S831.4②S858.31

中国版本图书馆 CIP 数据核字(2020)第 115440 号

出版发行	贵州科技出版社
地　　址	贵阳市中天会展城会展东路 A 座(邮政编码:550081)
网　　址	http://www.gzstph.com
出 版 人	熊兴平
经　　销	全国各地新华书店
印　　刷	贵州新华印务有限责任公司
版　　次	2020 年 8 月第 1 版
印　　次	2020 年 8 月第 1 次
字　　数	87 千字
印　　张	4.75
开　　本	710 mm×1000 mm　1/16
书　　号	ISBN 978-7-5532-0862-6
定　　价	26.00 元

天猫旗舰店:http://gzkjcbs.tmall.com

《林下土鸡生态放养与疾病防治技术》

编辑委员会

前　言

为适应贵州省现代山地生态畜牧业发展的需要，应对动物疫病，特别是重大动物疫情给养殖业和动物食品安全带来的严重危害和影响，保障广大养殖者生产利益和公共卫生安全，推进贵州省生态鸡产业发展，促进脱贫攻坚和养殖农户增收，应广大基层养殖业主要求，特别是“14+2”深度贫困县（正安、水城、紫云、纳雍、威宁、赫章、沿河、从江、榕江、剑河、三都、晴隆、望谟、册亨14个深度贫困县和贫困发生率较高的锦屏、罗甸2个县）农户发展生态鸡养殖，实现增收的现实需求，在省、市科技部门和农业农村部相关部门的支持下，《林下生态养鸡环境主要病原动态流行与防控研究》及《贵州土鸡生态健康养殖关键技术集成转化与推广应用》科技项目组人员，通过实施项目建立的养殖示范基地，在实践积累和广泛调研、查阅文献的基础上，编写了《林下土鸡生态放养与疾病防治技术》一书。

本书分为六章，以林下生态土鸡放养技术和常见疫病防治技术为主，分别阐述了土鸡放养场址、放养饲养管理、疫病防控、无害化处理、日常销售与管理等内容，文字简练，内容简明，并后附部分疫病照片，力求科学性和实用性相统一，希望能对广大生态鸡养殖业主和有意发展生态鸡养殖的农户有所裨益。

因编者学识水平、信息收集、编写能力有限，书中难免存在疏漏和不足之处，恳请同仁和广大读者指正。

编　者

2020年5月

目　录

第一章　概　述

一、贵州土鸡

贵州土鸡是指在贵州省行政区域内，在其特殊的气候资源、地理环境下，采用生态放养技术，饲养周期120天以上（其中放养在无污染的林地、果园、草地、农田等生态自然环境中90天以上）的贵州地方鸡品种。

二、生态放养

生态放养是指依据养殖环境承载能力，将脱温鸡白天放养在林地、果园、农田等生态自然环境中，任其自由觅食，并给予适量人工补食，晚上回圈舍休息补饲的养殖方式。

三、饲养周期

饲养周期是指雏鸡在舍内采取笼养、地面垫料平养或网（金属网或硬塑料网）上平养方式饲养至28～30日龄，然后在放养区采取以放养为主、适量补饲精料的方式饲养，鸡龄不低于120日龄。

第二章　放养场址

第一节　放养鸡场选择

一、地形地势

放养鸡场应选择地势较高、干燥、坡度平缓、采光充足、水源富足、卫生安全、排水良好、供电稳定、交通便利、环境安静、隔离条件好、具有一定遮阴条件的草地、林地、果园或其他适宜环境。

二、放养面积

放养鸡场应具备足够的放养面积，以每亩(667 m^2)不超过 50 羽为宜。

三、交通条件

放养鸡场应距离交通主干公路、居民区 500 m 以上，距离其他畜禽场、屠宰场至少 1 km，周围 3 km 内无大型化工厂、矿厂、垃圾填埋场等污染源。

四、禁养要求

放养鸡场严禁建在生活饮用水源、风景名胜区和自然保护区的核心区及缓冲

区，以及国家或地方法律法规规定需特殊保护的其他区域内。

第二节　放养鸡场布局

一、场区划分

规模放养鸡场应设立生活管理区、养殖区和无害化处理区。严格执行养殖区和生活管理区、无害化处理区相互隔离的原则，各区间应有明显的界线分离和醒目标识。

二、生活管理区

放养鸡场生活管理区应建于养殖区的下风位或侧风位，地势应处于养殖区高处，主要包括办公室和生活用房。

三、养殖区

养殖区应位于无害化处理区的上风位或侧风位，包括育雏区和放养区。建有雏鸡舍、放养鸡舍、饲料库、蛋库、消毒室、兽医室等。入口处应设置相应消毒设施，放养区有分隔围栏及喂料槽、饮水器等设施。放养区大门应位于场区主干道与场外道路连接处，外来人员或车辆应强制消毒，并经允许后才能进场。

四、无害化处理区

无害化处理区应位于养殖区的下风位或侧风位，且地势较低处，距离养殖区 50 m 以上。设置有集粪池、病鸡隔离室、污物堆放点、病死鸡无害化处理设施等。

第三节　放养鸡舍建造

一、位置环境

鸡舍应建造在地势较高处，遵循就地取材原则，满足牢固耐用、遮风挡雨、防寒保暖、采光、通风的需要，与主要干道保持一定的距离。鸡舍周围应有足够供放养鸡进出鸡舍的通道，保证放养鸡正常出入鸡舍。

二、材料结构

建议采用移动式拼装鸡舍，整体结构可采用木架结构或钢架结构。鸡舍地面和墙体应便于清洗和消毒，耐磨损、耐酸碱。

三、间隔密度

鸡舍大小以 10 ~ 20 m^2/栋、每平方米鸡舍饲养 8 ~ 12 羽为宜。在鸡舍中间或靠墙处用木材或竹材设梯形栖（休息）架，适应鸡生活习性，仿生态养殖，可有效减少鸡与鸡粪接触的机会。栖架总高度 1.5 m 左右，每间隔 0.3 m 搭横木呈台阶式排列，长度根据放养舍长度而定，应牢固，避免垮塌伤鸡。放养承载量：建议 1 个养鸡场中放养鸡舍间隔应不低于 50 m，每间隔 2 ~ 3 亩（1 亩 ≈667 m^2）设置 1 个养鸡场。

第三章　放养饲养管理

第一节　放养鸡品种选择及引种要求

一、放养鸡品种选择

（1）鸡苗品种选择，应根据市场消费需求和适宜生态放养等方面综合考虑。应选择适应性强、耐粗饲、抗病力强、觅食能力强及适宜放养的地方品种及其配套系。

（2）引进种蛋或雏鸡时，应从取得《种畜禽生产经营许可证》和《动物防疫合格证》的种鸡场引进，且该种鸡场应具有完善的售后服务体系。

二、引种要求

（1）同批次放养鸡，应购自无特定疾病（如禽流感、鸡新城疫、支原体病、禽白血病、禽结核、马立克氏病等）的同一种鸡场或育雏场，且经过产地检疫，持有有效动物产地检疫合格证明。

（2）切忌选购来源不清楚的鸡苗，以防随鸡苗带入各种病原，导致鸡只染病。

（3）鸡苗出壳时应由厂家接种马立克氏疫苗，所有鸡苗应健康、无残疾。

（4）脱温鸡应按相关免疫程序完成疫苗的免疫接种。

（5）雏苗运输工具运输前后应经过彻底清洗和消毒。

三、鸡苗的选择和运输

1. 健壮的鸡苗

(1)来源可靠。健壮无特定病原体的鸡苗是培养健壮无病或少病禽群的基础。应从健康无病尤其是无随卵传递性疾病的种禽场中购进鸡苗,并且要经过当地兽医部门的检疫和确认。

(2)鸡苗观察。选择鸡苗应注意雏禽的精神与活力、体重及均匀度、腹部大小、脐部是否完全收缩和干燥、绒毛是否整洁、站立和走动的姿势、是否有鸡苗畸形等。

(3)鸡苗特征。强壮的鸡苗比较活跃,叫声清脆,腹部收缩,脐部封闭无血迹,绒毛整洁光亮,足有力,头大,喙短而粗,双翼紧贴身躯。

2. 鸡苗的运输

(1)运输时节。冬季在中午装运,夏季在夜间装运,运装容器可以是竹筐、塑料箱或纸皮箱,容器内添加少量松软的垫料,装车应放置平稳,夏季注意通风散热,冬季注意防寒保暖,行车路上应每小时检查1次车厢内的运装容器是否倾斜、翻倒。

(2)注意事项。运输中随机检查若干个运装容器内鸡苗,注意其叫声是否正常,是否张口呼吸,是否有压死的,等等;对确实需要长途运输的鸡苗,从出壳后绒毛干燥计起,必须在36 h内到达目的地,超过36 h的最好安排在途中提供1次饮水,在运输途中或长途运输后给鸡苗补充饮水,应有节制分次供给,防止暴饮,防止互相践踏,防止落入水中全身湿透。

第二节　圈舍环境条件

一、保　温

雏鸡的绒毛比较短,体温比成年禽低,体温调节中枢尚未完全成熟,所以对冷的适应能力较差,如果保温不好,则雏鸡很容易受冷,一些雏鸡可因此逐渐衰竭死亡。雏鸡受冷一般分为三种情况:第一种是整个保温育雏期温度稍偏低,这在防寒

设施不完善的禽舍或冬季异常寒冷的季节可能会出现;第二种是育雏温度忽高忽低,这在用木炭、煤球等保温时经常会发生;第三种是短时间严重冻伤,可能是热源停止产热而未及时发现,也可能是白天气温高,下半夜突然降温而无及时升温等造成的。

二、通风透气

禽舍内家禽的群体大,饲养密度高,生长发育迅速,新陈代谢旺盛,呼吸时排出大量废气和水分,粪便和垫料发酵而产生大量有害气体,特别是在潮湿季节,家禽剧烈腹泻与水槽漏水时尤其严重,使得禽舍空气污浊,氨气过浓,氧气不足,这也是激发疾病发生的因素。所以不管哪一种形式的禽舍,无论是现代密闭式,还是简陋的禽舍,都要根据实际条件,因地制宜地做好通风透气,使舍内氨气浓度、硫化氢浓度、二氧化碳浓度在正常范围内,一般以人进入禽舍无烦闷和无眼鼻刺激为度。

三、相对湿度

家禽对一般的环境干湿度有较好的适应能力,但极端的干燥和潮湿,则是激发疫病的因素。禽舍内空气中水分主要是大气中原来含有的、鸡群呼吸排出的、粪便中蒸发的、饮水器内的水分及漏在地上的水分蒸发而来的。

当禽舍内空气相对湿度接近100%时,垫料潮湿,禽舍地面呈泥泞状,家禽羽毛污秽,氨气和粪臭味很浓,各种霉菌迅速生长,家禽的抗病力下降,球虫病、曲霉菌病等容易发生。相反,当禽舍空气过分干燥时,则尘土飞扬,在禽群惊动时更是垫料和羽毛满天飞,在这种情况下很容易激发大肠杆菌病和其他呼吸道病的发生。

在饲养家禽时,应尽量避免饮水器的饮水流落在地面上,在潮湿的季节应尽量添加干的垫料,而在过分干燥时,可以适当用水喷雾,这些都有助于预防疫病的暴发。

四、光 照

不适当的光照会使种禽和蛋禽的产量达不到预定的指标,对家禽的健康也有不良的影响。光照不当主要表现为光照时间过长、光照时间无规律、光照强度过高等。

长期的过高强度或无规律的光照，可使禽群疲劳、抗病力降低、诱发啄癖等，所以应根据家禽的种类、品种、品系、日龄、生产性能等确定合适的光照。

五、避免过分拥挤

为了充分利用禽舍面积，减少分担的折旧费和其他管理费等，不适当地增加饲养密度，这是不合适的。须知当单位面积的家禽数增加时，疾病发生的概率是呈几何级数增加的，过分密集最容易诱发啄癖。此外，由于水料槽位置不足、场地卫生状况恶化、家禽均匀度差、残次禽增加、家禽的抗病力下降，以及禽舍内病原体、灰尘等的明显增加，均使禽群患病的概率明显增加。因此，保持合适的密度是预防疫病不可忽视的措施之一。

六、充足的垫料

对于地面垫料平养家禽来说，垫料吸水性能和垫料是否充足均与疾病预防有很大的关系。干沙、稻草和甘蔗渣等吸水性较差，遇阴雨季节往往弄得地面泥泞，在添加量不足时尤为明显；稻壳木糠或锯末吸水性较好，但来源紧缺，一般都难以按照常规要求的厚度添加。这些都是诱发球虫病、沙门氏菌感染和曲霉菌病的管理因素。为了减少疾病的发生，地面垫料平养家禽时一定要添加吸水性好的垫料，如垫料问题无法解决，则应考虑改为离地棚养或笼养为好。

七、充足和卫生的饮水

充足的饮水对家禽的健康是十分重要的，产蛋鸡断水 24 h，第 2 d 产蛋量下降 30% 以上，死亡数增加；室温 30 ℃以上时，即使几个小时的断水，也可造成大批家禽的急剧死亡。所以在整个家禽饲养期，均要保证足够的饮水。在炎热的季节，尤其在中午到傍晚期间、家禽限饲时、停电或供水系统发生故障时、家禽长途运输中都应给家禽提供充足和卫生的饮水，应特别注意。

饮用水的质量对家禽的健康也是相当重要的，污染的河水或渠水对家禽是不利的，有时甚至可能引起鸡新城疫等疫病的暴发。供家禽饮用的水必须澄清、无臭、无味、不含毒素和病原体，符合人饮用水质标准要求，对不符合标准的饮水，可

通过沉淀、过滤和添加漂白粉等消毒药物进行净化。

八、避免或减轻应激

对家禽的捕捉、搬迁、断喙、免疫接种，突然的音响，不适宜的光照，氨气浓度过高，过分拥挤，无规律的供给饮水或饲料，饲料的改变，过热或过冷等都是家禽难免要遇到的应激因素，而这些应激因素常常可引起家禽抗病力降低而诱发其他疾病。在实际生产中，可以通过周密的设计和细心的管理来尽量避免或减轻对家禽的应激，例如尽量减少对家禽的捕捉和搬迁、在禽舍内尽量手轻脚轻、保持垫料干燥、加强通风保持空气清新等，这些细微的工作，都是预防疾病综合措施中不可缺少的环节。

第三节 放养鸡苗育雏技术

一、育雏前准备

1. 育雏室的检修、清洗和消毒

新建育雏室使用前1周，应进行清洗与消毒。使用过的育雏室每批育雏鸡苗转出后，应先清扫育雏室内的灰尘、粪渣、羽毛、垫料等杂物，然后用高压水枪进行清洗。清洗遵循自上而下、由内到外、先净后污的原则，顺序是屋顶—墙壁—设备—用具—地面—下水道。清洗干净后，对门窗、设备、用具、电路等进行检修。然后用生石灰水或2% ~4%烧碱进行泼洒，待干燥后将垫料、用具放入育雏室内，再用三氯异氰脲酸粉烟熏剂进行熏蒸。方法是先关闭窗户和通风口，然后将称量好的三氯异氰脲酸粉烟熏剂置于铁桶或陶瓷容器内，用火点燃，关门熏蒸24 h，然后开门开窗通风1 ~2 d，空舍1周后再进鸡。在进鸡前一天再用消毒液对鸡舍内外进行喷雾消毒。

2. 育雏用具及投入品的准备

需准备饮水器、饲料桶、开食盘、升温设施、温湿度计、注射器、滴瓶、喷雾器、饲料、电解多维、疫苗、消毒药、抗菌药、抗球虫药等。按100羽鸡40 kg(1件)准备来自正规厂家的小鸡全价饲料,每50羽鸡配备1个饮水器、1个塑料桶、1个开食盘。

3. 育雏室的升温

根据当时引进的脱温鸡的温度,在进鸡前一天将育雏室温度升至36~38 ℃。升温过程中要检查升温效果。建议采用加热保暖灯+煤炉双保险加温设备。使用加热保暖灯时,要保持一定高度和灯具数量,避免灼伤。如临时停电,采用煤炉供温时,要检查烟管是否漏烟,避免引起鸡只呼吸道疾患。

二、雏鸡的饲喂

1. 开　饮

雏鸡到场后休息1~2 h后补水。前一周饮用18~20 ℃温开水,每次喂水量控制在2 h内饮完为宜。在水中添加多维(如速补多维、电解多维等)及预防鸡白痢和大肠杆菌的药物(如百草霜、恩诺沙星、环丙沙星、青霉素、链霉素等),有利于雏鸡健康复壮。药物不应连续使用,一般连用3~5 d,停药7 d。为保证水质,要求现用现配,搅拌均匀。在对雏鸡进行免疫、断喙、转群等的前一天,也应在饮水中加入多维,连用3 d,以缓解鸡的应激反应。

2. 开　食

开食料选用肉用小鸡料。开食应在开饮后2~4 h进行,或当发现鸡群有1/3雏鸡有行走觅食表现时进行。开食可采用开食盘或将饲料直接撒在清洁消毒过的深色塑料布上,任其啄食。注意少喂多添,要保证所有雏鸡能同时吃到小鸡料。

3. 日常饲喂

育雏前3 d,自由采食;第4~7 d,每天定时定量饲喂6~8次;第2周,每天定时定量饲喂6次;第3~4周,每天定时定量饲喂4~5次。每次喂料量以全群鸡在30 min采食完为宜。

三、育雏期管理

1. 温　度

育雏期温度要求均匀、恒定,切忌忽高忽低。前3 d以33~35 ℃为宜,第4~7 d以30~33 ℃为宜,第2周起每周降2~3 ℃,第4周逐渐过渡到自然环境温度。

生产中注意观察雏鸡状态，如发现鸡远离热源、张口呼吸、尖叫，说明温度过高；如雏鸡拥挤打堆、紧靠热源，说明温度过低，需要及时调整。

2. 湿 度

雏鸡舍温度较高，容易出现高温高湿或高温低湿现象。高温高湿环境下，病原微生物容易滋生繁殖，易诱发球虫病。高温低湿情况下，雏鸡易失水，羽毛脱落，易引发啄斗。生产中应考虑前期的增湿和后期的防潮措施，第 1 周空气相对湿度以 65% ~70% 为宜，以后保持空气相对湿度 55% ~60% 。在育雏室悬挂干湿球温湿度计了解室内湿度情况，及时调整。

3. 通 风

保持舍内空气新鲜和流通，是养鸡的重要条件。通风可减少舍内有害气体，增加氧气，调节舍内湿度，减少病原滋生。否则，易造成雏鸡呼吸道疾病增加，体弱多病，增加死亡率。为了既保持育雏室空气新鲜又避免因通风导致温度下降，可在通风前预先提高室温 2 ~3 ℃，然后再适当打开门窗进行通风换气。

4. 密 度

雏鸡饲养密度随日龄增加而减少，第 1 周以 40 ~50 羽/m^2 为宜。第 2 周后逐渐减少，第 4 周时密度以 25 ~30 羽/m^2 为宜。密度过大，鸡的活动受到限制，空气污浊，导致鸡抵抗力下降，易生病，生长缓慢，且易引发啄羽、啄肛等恶习；密度过小，造成房舍利用率低，增加饲养成本。

5. 光 照

强光会刺激鸡使其兴奋，影响鸡群休息，引起相互啄羽、啄肛等；弱光可使鸡处于安静状态，利于休息，促进增重。育雏的前 3 d 给予 24 h 光照，以后给予 23 h 光照，1 h 黑暗。第 1 周灯泡功率以 40 W 为宜，第 2 ~3 周以 25 W 为宜。按每平方米 3.5 ~4 W 要求设置灯泡数量，灯泡尽量多且均匀悬挂，以使舍内光照均匀。灯泡悬挂在离地 2 m 高的位置，灯间距 3 m。

第四节 放养鸡饲养管理

一、放养地点检查

(1)在放养地搭建移动式鸡舍,以便鸡群夜晚歇息、雨天避雨。同时配备饲槽(塑料桶)和饮水器。

(2)查看放养场四周围栏是否有漏洞,如有漏洞应及时进行修补,减少因鼠、蛇等天敌的侵袭而造成鸡损失。放养前,灭一次鼠,但应注意选择合适的药物,以免毒死鸡只。

(3)放养场不得使用可导致鸡群中毒或体内残留农药等有害物质的食物(药物),应防止气候变化及动物侵害对鸡群的影响。

二、放养鸡的挑选

对拟放养鸡群进行筛选,淘汰病弱、残肢个体。

三、放养时间选择

雏鸡脱温后,选择白天天气暖和、气温不低于15 ℃时放养。放养时间视季节、外界温度和雏鸡体质情况而定。气温低的季节,适当延迟至40~50 日龄开始放养。

四、放养鸡的管理

1. 佩戴脚环

雏鸡放养前应佩戴可追溯脚环。

2. 转 群

转群应在晚上进行,减少因应激、惊吓、挤压等因素造成死亡。转群到放养场

前后 3 天应在饮水中加入电解多维，防止转群应激。

3. 放养调教

转入放养鸡舍的脱温鸡应在放养鸡舍内进行 5 ~ 7 d 的适应性饲养，避免其放养后不回放养鸡舍过夜。投料时以拍打料桶、吹口哨等方法进行训练，让鸡跟随采食；傍晚，再采用相同的方法，进行归巢训练，使鸡产生条件反射形成习惯性行为。雏鸡放养前 1 周要减少人工光照时间，然后逐渐过渡到自然光照时间。

4. 放养时长

选择天气暖和的晴天放养，开始几天每天放养 2 ~ 4 h，以后逐月增加放养时间。

5. 放养地点

放养地点最初选在鸡舍周围，逐渐由近到远，可通过移动料桶、料槽的方法进行训练。

6. 放养过渡

雏鸡进入放养场后用雏鸡料过渡 1 周，同时让其在放养场内自由采食虫、草及草籽等自然食料，不足部分用玉米、谷物、小麦、米糠、豆类等直接饲喂或用几种原粮混合饲喂。每天早上补料时喂六七成饱，促进鸡只寻找食物，以增加鸡只活动量，采食更多的有机质和营养物。下午太阳落山前将鸡群收回鸡舍，晚餐一定要喂饱。放养场内推荐采用人工种植紫花苜蓿、三叶草、金荞麦等优质牧草作为补充。

7. 公母分群

公鸡争斗性较强，饲料效率高，竞食能力强，体重增加快；母鸡沉积脂肪能力强，饲料效率差，体重增加慢。7 周后应进行公母分群饲养，在 150 ~ 160 日龄上市，有利于提高成活率与群体整齐度。

8. 分区轮牧

根据放养区规模和植被状况，将放养区划分为若干小区，用围墙、尼龙网或铁丝网等隔开，高度不低于 1.8 m，实行分区轮流放养。每一小区放养同一批次的生长鸡，便于统一饲喂，统一管理。每小区放养鸡群的数量及放养持续时间应根据小区植被的利用情况而定，原则上以有利于植被再生长、不造成植被过牧为宜。一般每亩（667 m^2）不超过 50 羽。严防过牧造成放养区植被破坏，一般两批鸡的放养间隔时间为 1 ~ 2 个月。

9. 防雨防寒

刮风下雨、露水太大时应停止放养，防止淋湿鸡只羽毛而使鸡受寒生病。及时收听天气预报，在暴风、雨、雪来临前，做好防风、防雨、防漏、防寒工作。

10. 预防中毒

放养场地周围禁止喷洒农药。刚放养时最好用尼龙网或竹篱笆圈定放养，预防鸡只到处乱窜，采食到喷洒过杀虫药的果叶和被污染的青草等。鸡场应常备解毒药物(如解磷定、阿托品等)，以防不测。

11. 日常观察

日常管理中注意观察鸡只行为姿态、羽毛蓬松度和光泽度、粪便状态与颜色，发现异常鸡只应及时挑出隔离。

五、放养鸡的饲喂

1. 营养需要

放养鸡各阶段参考营养需要量参见表1。

表1　放养鸡各阶段参考营养需要量

营养指标	5~8 周龄	8 周龄以上
代谢能量/(MJ·kg^{-1})	12.54	12.96
粗蛋白/(mg·kg^{-1})	19.00	16.00
赖氨酸/(mg·kg^{-1})	0.98	0.85
蛋氨酸/(mg·kg^{-1})	0.40	0.32
钙/(g·kg^{-1})	0.90	0.80
有效磷/(mg·kg^{-1})	0.40	0.35

2. 饲料搭配

鸡非草食家禽，仅靠放养自由采食不能满足生长需要，需早、晚补饲。鸡在育雏期间以采食全价料为主，脱温放养期间逐渐改为全价混合粉料。最简便的办法是用肉鸡浓缩料加玉米配制，配比为：中鸡(42~63 日龄)35%浓缩料+65%玉米；大鸡(64 日龄至出栏)30%浓缩料+70%玉米。更换饲料需 3~5 d 过渡期。为减少饲料浪费，可将饲料拌湿后饲喂，但要现喂现拌。若种植有优质牧草，可在饲料中添加 15%~30%的优质牧草，可降低养殖成本。

3. 饮　水

放养鸡的活动空间大，必须在鸡活动范围内保证充足、卫生的水源供给，尤其

是夏季更应如此。饮水器按照每 50 羽鸡配置 1 个 10 kg 饮水器或在舍内设置自动饮水设施。

4. 合理补喂饲料

根据鸡的日龄、生长发育、林地草地类型、天气等情况进行人工补料。放养早期多采用营养全面的饲料,以保障鸡群健康生长。喂料应定时定量,不可随意改动,这样可增强鸡的条件反射。夏秋季可以少喂一些,春冬季可多以喂一些,每天早晨、傍晚各喂料 1 次。喂料量随着鸡龄增加,具体为:5 ~ 8 周龄,每天每羽喂料 50 ~ 70 g;9 ~ 14 周龄,每天每羽喂料 70 ~ 100 g;15 周龄至上市每天每羽喂料 100 ~ 150 g。

5. 注意饲料存放

饲料应存放在干燥的专用存储房内,存放时间不超过 30 d,严禁饲喂发霉、变质和被污染的饲料。

第五节　投入品使用准则

一、饲料使用准则

(1)应使用无害药物和无害添加剂的饲料,饲料要新鲜、无霉变、不生虫和未受病原污染。

(2)饲料包装应完整,无污染、损坏和异味。

(3)饲料运输应防止污染,不使用运输畜禽的车辆运输饲料,运输工具和装卸场所应定期清洗消毒。

(4)饲料贮存场所应选择通风干燥、卫生干净的地方,采取措施消灭苍蝇和老鼠等。

(5)用于包装、盛放饲料的包装袋和容器等,要求无毒、干燥、洁净。

(6)放养区内不得将饲料、药品、消毒药、灭鼠药、灭蝇药或其他化学药物等堆放在一起,加药饲料和非加药饲料要标明并分开存放。

(7)放养区内一次进(配)料不宜太多,配好的全价饲料也不要贮存太久,以

15～30 d为宜。按照“先旧料后新料”原则使用。

二、兽药使用准则

(1)禁止使用国务院兽医行政管理部门规定的禁用药物;禁止使用肾上腺素受体激动剂、蛋白同化激素、精神药物、各种抗生素滤渣、性激素等。

(2)使用有《兽药生产许可证》、获得农业农村部颁发《中华人民共和国兽药GMP证书》的兽药生产企业生产的兽药,或由其批准注册进口的兽药。

(3)兽药使用应注意配伍禁忌,抗球虫药轮换或交替使用,以免产生耐药性。

(4)消毒剂应选择符合《中华人民共和国兽药典》规定的高效、低毒和低残留消毒剂;灭虫、灭鼠应选择符合《农药管理条例》中规定的菊酯类杀虫剂和抗凝血类杀鼠药。

(5)允许使用菊酯类杀虫剂,但注意在喷洒农药后1个月内不能放养鸡。

三、药物预防和生物安全

1. 预防用药

对于一些药物预防有效的禽病,与其患病才用抗菌药物治疗,不如定期投放预防性药物。一般来说,可在饲料中添加抗球虫药和抗卡氏白细胞虫药,雏鸡出壳3 d内,接种疫苗和其他应激时最好投放适当的抗菌药物、多种维生素和电解质,有利于预防疫病的暴发。对已处于限饲期间的家禽经饲料投预防药时,剂量应适当提高,并保证有足够的饲槽,使家禽几乎在短时间内同时采食到饲料。天气炎热时,家禽饮水量剧增,此时饮水中药物的浓度应适当降低,以免浪费或引起中毒。

2. 带禽消毒

在下述几种情况下,可考虑对正在饲养家禽的圈舍进行带禽消毒:

(1)在禽群发生急性传染病被隔离封锁后,一方面对禽群接种疫苗或投喂药物,另一方面对禽舍的活禽进行喷雾消毒,以减少病原菌的扩散。

(2)在禽群不时有链球菌或葡萄球菌感染和散发性禽出血性败血症(简称“禽出败”)等疫病发生时,除接种疫苗和投放预防药物外,每日或隔日对鸡群禽舍作喷雾消毒,力求尽早将疫病扑灭清除。

(3)一些大型的种鸡场为了场地的清洁卫生,减少病原体的存在或扩散,所以

每日对禽群或禽舍作喷雾消毒。实践证明,坚持每日对鸡群和场地作喷雾消毒是可以大大减少或减轻禽病发生的。可以选作家禽消毒的药物如农福及同类产品、过氧乙酸、次氯酸钠等,喷雾时应按说明书使用,认真操作、确保喷雾药物达到100%的覆盖面,力求达到彻底的消毒效果。

3. 适时开食和饮水

雏鸡不适时开食和饮水,也是致使禽群瘦弱多病的原因之一。羽毛未干和站立未稳鸡苗过早进入育雏舍,易受冷或被水弄湿羽毛;过早提供动物性蛋白饲料,易引起雏鸡消化不良;太迟饮水、开食又会引起雏鸡过分饥饿和缺水。一般应在出壳后 24 h 提供饮水和开食。可在育雏器下放置饮水器,让雏鸡自由饮水。开食时将玉米粉或细粒饲料撒在纸上或木板上用木棒轻轻敲响,训练啄食。

4. 断　喙

啄癖是一个常见的现象和讨厌的疾病,当啄癖在鸡群中形成之后,虽然有一些临时对付的办法,但效果不够稳定。因此,凡是饲养期较长的本地种肉鸡、种鸡或蛋鸡,都必须断喙,这才是防治啄癖的最有效的办法。断喙的时间及断喙的深度难以划一,一般第一次可在雏鸡期 6 ~ 10 日龄,第二次在 12 周龄,上喙约剪去 1/2,下喙约剪去 1/3,可用现成的断喙器,也可因地制宜使用其他既能切断鸡喙又能止血的用具。

5. 防止人员传播疾病

人是传播禽病最常见最易被忽视也最难以防范处置的媒介。要注意以下与人的接触密切关系的几个方面:

(1)确需进入禽场的外单位人员,必须严格冲洗和消毒,特别要注意亲戚朋友和基建工人,因为他们有可能与场内人员住在一起。

(2)各生产区的工作人员最好分区住宿,减少交叉感染。生产区的工作人员星期天一般安排休息,将假日集中安排,外出归来的生产区人员均应彻底消毒、更换衣帽和鞋。

(3)接种疫苗和注射药物最好由专一人员完成,严加管理和监督,每次进入生产区前,应冲洗消毒、换衣物鞋帽,每次工作完成后又要对自身清洁消毒,注意避免接种疫苗的人员成为养殖场内广泛散播病毒的媒介。

(4)检查巡视禽舍或生产区的技术人员,也很容易成为传播病毒的媒介,更应以身作则,对自己做冲洗和消毒,然后才进入生产区的鸡舍。一般情况下,每天只巡视一栋鸡舍或一个小生产区,如确需进入检查另一栋鸡舍,则必须再次冲洗后才能进入。

(5)送检病禽的饲养员不直接送到兽医室,饲养员也不直接将死禽送到尸池,他们只需将病死禽放入禽舍附近密封的容器内,由另外的人统一收集运送。

(6)尸体剖检室、药房、疫苗室的工作人员一般不要进入生产区,如一人任多个职务的小型禽场,也应根据实际情况尽量减少交叉感染的机会。

(7)在养禽场工作的人员,不要再养家禽,也不要参与对场外单位的禽病诊疗服务工作。

6. 活体媒介和中间宿主

许多活体动物都是家禽疾病的传染源、媒介或中间宿主。例如狗和猫传播禽出败,鼠粪传播沙门氏菌,飞鸟传播鸡新城疫、禽流感、鸭瘟和螺旋体,库蠓传播卡氏白细胞虫,蝇和蚊传播多种细菌和病毒性疾病(例如沙门氏菌、禽马脑炎、丹毒疟原虫和血变形原虫病),蚯蚓传播组织滴虫病,剑水蚤是方形剑带绦虫的中间宿主,淡水螺是鸭卷棘口吸虫、细背孔吸虫和眼吸虫的中间宿主,蜻蜓是前殖吸虫的中间宿主,等等。

由此可知,为了比较彻底地预防疾病的发生,就必须认真采取措施防止活体媒介和中间宿主与禽体接触,要做好环境卫生工作,消灭蚊蝇的滋生地,要经常捕捉或毒杀鼠类,禽场内不宜养狗和猫,如确需要,也要确保不让其靠近或进入禽舍。不允许禽场内职工饲养其他散养家禽。在有条件的地方,还要防止飞鸟进入禽舍。为避免接触放养地中寄生虫的中间宿主,可将放牧改为舍饲,使家禽与中间宿主脱离接触,或者定期毒杀中间宿主,减少或杜绝传播寄生虫的机会。凡此等等,也都是预防疾病的有效措施。

7. 防止用具杂物传播疾病

用具杂物是易被忽视的传播疾病的媒介,必须加强注意。

(1)进入场内的车辆要通过消毒池,同时还要对车辆各个部位作喷雾消毒。

(2)饮水器、饲料槽、产蛋箱、育雏器、电器、蛋托或蛋盘、禽笼都必须经严格清洗消毒后才能进入禽场或禽舍。

(3)运雏箱、种蛋车必须经过消毒后才能进入孵化房。

(4)注射器、针头、玻璃瓶等接种疫苗或注射药物的用具,也必须高压灭菌后才能进入禽舍内使用。

(5)垫料卫生是一个颇为棘手的问题,尤其是当使用来自四面八方的谷壳、稻草或刨花时,最好的消毒方法是于阳光下暴晒,无可能时则只能将其放置于密室内

用高浓度的福尔马林熏蒸。

8. 饲料槽和饮水器的卫生

饲料槽内常有垫料或粪便落入，被家禽采食后剩下的粉末状饲料滞留在饲料槽底，日积月累，尤其是空气潮湿时，很容易在饲料槽内形成一层结块的污垢，除容易传播沙门氏菌病之外，还可能因为霉菌的生长而导致曲霉菌病的暴发，所以必须定期清洗饲料槽，保持饲料槽的卫生。

饮水器内常因落入饲料、口鼻分泌物、粪便和尘埃而使饮水不洁，日久且未清洗时则易在饮水器底壁形成厚层的水垢，通栏的长形水槽因不易清洗而最易积聚污水和水垢，成为传播疫病最方便、最危险的途径。所以必须经常对水槽或饮水器进行清洗消毒，尤其是对长形水槽，不能因嫌麻烦而放弃清洁和消毒。当然在清洗饮水器时应小心操作，避免饮水溢出槽外，渗入粪便或垫料中。

9. 防止中毒

尽管人们懂得毒物对家禽的危险，但家禽中毒仍时有。为预防中毒发生，应做好对有毒物品的保管和使用，对有毒物品应分项登记并由专人保管。在使用杀虫剂等毒物时必须在专业人员的监督下进行。防止用霉变的饲料喂养家禽，防止饲料饮水和垫料中混入有毒物品，家禽不要在刚施放过农药的地区放牧。在使用化学药物治疗禽病时，应按规定剂量使用，不可随意增大剂量，对那些毒性大、安全范围小及尚未了解其特性的药物，更应严格按说明书使用，在大群应用之前，最好先做小群安全试验，确认安全有效之后再扩大使用范围。药物用量的计算、称量应反复核对，不能有差错，无论经饲料或饮水投药，均应充分拌匀，对毒性大的药物或贵重又敏感的禽鸟，最好逐只给药。

10. 放牧应注意的事项

放牧有节约饲料、降低成本等好处，所以在农村放牧养鸡、养鸭、养鹅仍然普遍，但也给家禽带来了很多暴发疫病的机会。如在刚施放过农药的地方放牧很容易发生农药中毒，如采食死亡的螺、虾等，容易出现肉毒毒素中毒。此外，放牧饲养的家禽大多有寄生虫病，流动放牧的水禽，发生鸭瘟、鸭出败等传染病的机会也比圈养的多。因此，要避免在刚喷洒过农药的地方放牧，定时服药驱虫，并密切注意牧区附近的家禽传染病流行情况，在疫病流行时停止放牧或转移到安全的地方放牧。

四、疫苗管理和免疫事项

1. 疫苗的运输与保管

疫苗的科学运输和保管，是保证免疫成功的重要环节之一，在这一过程中，应注意以下几个方面：

(1)避免高温和阳光直射，在夏季天气炎热时尤其重要。

(2)疫苗应低温保存和运输，应注意不同种类疫苗所需的温度不同。例如，冻干苗、湿苗需要在 -20 ~0 ℃下保存；而油乳剂和铝胶剂疫苗应避免冻结，最适温度为 2 ~8 ℃；细胞结合型马立克氏病疫苗则应在液氮内保存。

(3)对疫苗应有专人保管，并造册登记，以免错乱。

(4)不同种类、不同血清型、不同毒株、不同有效期的疫苗应分开保存，先用有效期短的，后用有效期长的。

(5)经常检查电冰箱或冰库电源及温度，最好配发电机备用。

(6)电冰箱或冷藏柜内如结霜(冰)太厚时，应及时除霜(冰)，使冰箱达到确定的冷藏温度。

(7)保存期较长的和较重要的疫苗应与常用疫苗分开保存，并尽可能减少打开冰箱门的次数，尤其是天气炎热时更应注意。

2. 疫苗的剂量

(1)疫苗的剂量过少时，不足以刺激机体产生足够的免疫效应，剂量过大则可能引起免疫麻痹或毒性反应，所以疫苗使用剂量应严格按照产品说明书进行。目前很多人为保险起见将剂量加大几倍使用，这是完全没有必要甚至是有害的。

(2)过期或失效的疫苗不得使用，更不得用增加剂量来弥补。

(3)大群接种时，为预备注射等过程中造成的浪费，可适量增加 10% ~20% 的用量。

3. 疫苗的稀释

(1)稀释疫苗之前应对使用的疫苗逐瓶检查，尤其是名称、有效期、剂量，封口是否严密、是否破损和吸湿等。

(2)对需要特殊稀释的疫苗，应用指定的稀释液，而其他的疫苗一般可用生理盐水或蒸馏水稀释。

(3)稀释液应是清凉的，这在天气炎热时尤应注意。

(4)稀释液的用量在计算和量取时应无菌操作,尤其是注射用的疫苗应严格无菌操作。

(5)一般应分级进行,量取时应细心和准确。

(6)应避光、避风尘,疫苗瓶在使用时应用稀释液冲洗 2 ~3 次。

(7)稀释好的疫苗应尽快用完,尚未使用的疫苗也应放在冰箱或冰水桶中冷藏。

(8)对于液氮保存的马立克氏病疫苗的稀释,更应小心,生产厂家有操作程序时,则应严格按照提供的程序执行。

4. 接种注意事项

接种时操作上的失误,也是造成免疫失败的常见原因之一。操作虽然简单,但正是由于简单,往往易被忽视。在不同途径免疫接种过程中,值得注意的较容易出现差错的环节如下:

(1)饮水免疫。饮水免疫避免了逐只抓捉,可减少劳力和应激,但这种免疫接种受影响的因素较多,在操作过程中应注意:

①疫苗应是高效的活毒疫苗。

②使用的饮水应是清凉的,水中不应含有任何能灭活疫苗的病毒或细菌。

③在饮水免疫期间,饲料中也不应含有能灭活疫苗病毒和细菌的药物。

④饮水中应加入 0.1% ~0.3% 的脱脂乳或山梨糖醇,以保护疫苗的效价。

⑤为了使每一只鸡在短时间内均能摄入足够量的疫苗,在供给含疫苗的饮水之前 2 ~4 h 应停止饮水供应(视天气而定)。

⑥稀释疫苗所用的水量应根据鸡的日龄及当时的室温来确定,使疫苗稀释液在 1 ~2 h 内全部饮完。

⑦为使鸡群得到较均匀的免疫效果,饮水器应充足,使鸡群中的 2/3 以上的鸡只同时有饮水的位置。

⑧饮水器不得置于直射阳光下,如风沙较大时,饮水器应全部放在室内。

⑨夏季天气炎热时,饮水免疫最好在早上完成。

(2)滴鼻、点眼免疫。滴鼻、点眼免疫接种如操作得当,对一些预防呼吸道疾病的疫苗,经滴眼滴鼻免疫效果较好。当然,这种接种方法需要较多的劳动力,对鸡也会造成一定的应激,如操作上稍有马虎,则往往达不到预期的效果。滴鼻、点眼免疫接种操作上应注意:

①稀释液必须用蒸馏水或生理盐水,最低限度应用冷开水,不要随便加入抗

生素。

②稀释液的用量应尽量准确,最好根据自己所用的滴管或针头事先滴试,确定每毫升多少滴,然后再计算实际使用疫苗稀释液的用量。

③为了操作的准确无误,一手一次只能抓一只鸡,不能一手同时抓几只鸡。

④在滴入疫苗之前,应把鸡的头颈摆成水平的位置(一侧眼鼻朝天,一侧眼鼻朝地),并用一只手指按住朝地面一侧鼻孔。

⑤在将疫苗液滴加到眼和鼻上以后,应稍停片刻,待疫苗液确已吸入后再将鸡轻轻放回地面。

⑥应注意做好已接种和未接种鸡之间的隔离,以免走乱。

⑦为减少应激,最好在晚上接种,如天气阴凉也可在白天适当关闭门窗后,在稍暗的光线下抓鸡接种。

(3)肌内注射或皮下注射免疫。肌内注射或皮下注射免疫接种的剂量准确、效果明显,但耗费劳力较多,应激较大,在操作中应注意:

①疫苗稀释液应是经消毒而无菌的,一般不要随便加入抗菌药物。

②疫苗的稀释和注射量应适当,量太小则操作时误差较大,量太大则操作麻烦,一般以每只鸡0.2~1.0 mL为宜。

③使用注射器注射时,应经常核准注射器刻度容量和实际容量之间的误差,以免实际注射量偏差太大。

④注射器及针头使用前均应消毒。

⑤皮下注射的部位一般选在颈部背侧,肌内注射部位一般选在胸肌或肩关节附近的肌肉丰满处。

⑥针头插入的方向和深度也应适当,在颈部皮下注射时,针头方向应向后向下,针头方向与颈部纵轴基本平行。对雏鸡的插入深度为0.5~1.0 cm,日龄较大的鸡可为1~2 cm。胸部肌内注射时,针头方向应与胸骨大致平行,插入深度在雏鸡为0.5 ~1.0 cm,日龄较大的鸡可为1~2 cm。

⑦在将疫苗液推入后,针头应慢慢拔出,以免疫苗液漏出。

⑧在注射过程中,应边注射边摇疫苗瓶,力求疫苗均匀。

⑨在接种过程中,应先注射健康鸡群,再接种假定健康鸡群,最后接种有病的鸡群。

⑩关于是否一只鸡一个针头及注射部位是否消毒的问题,可根据实际情况而定。但吸取疫苗的针头和注射鸡的针头则应绝对分开,尽量注意卫生,以防止经免

疫注射而引起疾病的传播或引起接种部位的局部感染。

(4)气雾免疫。气雾免疫可节省大量的劳力,如操作得当,效果甚好,尤其是对呼吸道有亲嗜性的疫苗效果更佳,但气雾免疫也容易引起鸡群的应激,尤其容易激发慢性呼吸道疾病。气雾免疫中应注意:

①气雾免疫前应对气雾机的各项性能进行测试,以确定雾滴的大小、稀释液用量、喷口与鸡群的距离(高度)、操作人员的行进速度等,以便在实施时参照进行。

②疫苗应是高效的。

③气雾免疫前后几天内,应在饲料或饮水中添加适当的抗菌药物,预防慢性呼吸道疾病的暴发。

④疫苗的稀释应用去离子水或蒸馏水,不得用自来水、开水或井水。

⑤稀释液中应加入0.1%的脱脂乳或3%～5%的甘油。

⑥稀释液的用量因气雾机及鸡群的平养、笼养密度而异,应严格按照说明书推荐用量使用。

⑦免疫严格控制雾滴的大小,雏鸡用雾滴的直径为30～50 μm,成鸡为5～10 μm。

⑧气雾免疫期间,应关闭鸡舍所有门窗,停止使用风扇或抽气机,在停止喷雾20～30分钟后,才可开启门窗和启动风扇(视室温而定)。

⑨气雾时,鸡舍内温度应适宜,温度太低或太高均不适宜进行气雾免疫。如气温较高,可在晚间较凉快时进行。

⑩鸡舍内的空气相对湿度对气雾免疫也有影响,一般空气相对湿度在70%左右最为合适。

⑪实施气雾免疫时气雾机喷头在鸡群上空50～80 cm处为最佳,对准鸡头来回移动喷雾,使气雾全面覆盖鸡群,以鸡群在气雾后头背部羽毛略有潮湿为宜。

五、疾病防控措施

1. 卫生措施

(1)每批鸡出栏后应对鸡舍进行清洗、消毒、灭虫鼠。灭虫鼠应选择符合《农药管理条例》规定的菊酯类杀虫剂和抗凝血灭鼠药。

(2)鸡舍清理完毕到进鸡前应空舍1～2周,期间应防止野鸟、老鼠等进入鸡舍。

2. 消毒措施

(1)放养场内应备2种以上不同类型的消毒药,交替使用,结合平时饲养管理,对鸡舍、放养场地、用具等进行定期消毒。但在免疫前后3 d内不能使用消毒药。当发生鸡传染病时,应对鸡舍、排泄物、放养场地、用具、物品等每天进行消毒。

(2)放养场门口应设置消毒池,所有进场人员要脚踏消毒池,消毒池内选用2% ~5%漂白粉溶液或2% ~4%氢氧化钠溶液,且定期更换。外来人员不得随意进入养殖场,特定情况下,参观人员须经消毒后方可进入。

(3)适时清除放养场内的鸡粪和垫料等杂物,定期对放养场进行消毒。

(4)每批鸡出售后,对鸡舍墙壁、地面、饲养设备以及鸡舍周围彻底冲洗,鸡舍充分干燥后,采用2种以上消毒剂交替进行3次以上的喷洒消毒,在下一批鸡进舍之前,再进行1次消毒。消毒剂可选用含过氧乙酸、氢氧化钠、醛类、碘附、有机氯制剂、复方季铵盐等成分的消毒剂。

3. 防疫措施

(1)实施全进全出饲养制度,鸡群出栏后对鸡舍彻底清理、消毒,并空舍1个月以上。严禁已出场的放养鸡返回鸡舍饲养。

(2)饲养期间,应配合当地动物防疫监督机构做好新城疫、禽流感等动物疫病的定期监测工作。发生重大疫情或疑似重大疫情时应及时向当地兽医主管部门、动物防疫监督机构报告。发生人畜共患病时,应服从卫生行政管理部门实行的防治措施。

(3)提倡使用中草药对放养鸡进行鸡病防治。

4. 免疫措施

(1)疫苗应符合相应的国家生物制品质量标准,不得使用已经过期的、来源不明的、非法生产的、标签脱落不能认定或者保存不当的疫苗。

(2)疫苗在运输过程中应有冷藏箱或保温瓶,严防日光暴晒;贮存时应分类保存,避免混淆。

(3)严格按说明书使用疫苗,已稀释的疫苗应在规定时间内用完。

第四章　疾病防控

第一节　免疫程序

放养鸡参考免疫程序见表2。

表2　放养鸡参考免疫程序

日龄	疫苗	使用方法	剂量
1	马立克氏	皮下注射	1 羽份
7	新支二联苗(H120)	滴鼻、点眼	1 羽份
14	法氏囊	点眼	1 羽份
16	禽流感(H5 + H9)	肌内注射	0.3 毫升
23	新支二联苗(H120)	滴鼻、点眼	1 羽份
50	禽流感(H5 + H9)	肌内注射	0.5 毫升
65	新城疫 I 联	肌内注射	1 羽份

第二节　免疫操作技术

免疫接种是养鸡场的一项重要工作，免疫成败直接影响养鸡场效益的高低。针对不同疫苗特点，选择最适宜的免疫方法，可获得最好的免疫效果。以下归纳了家禽免疫中常用的7种接种方法。

一、滴鼻、点眼法

1. 操作方法

用于滴鼻、点眼免疫接种的工具可用滴管、空眼药水瓶或5毫升注射器(针尖磨秃)。接种前可先用1 mL0水试一下,看有多少滴。2周龄以下的雏鸡以每毫升50滴为好,每只鸡接种2滴,每毫升滴25只鸡。操作方法:操作者左手轻轻握住鸡体,食指与拇指固定住小鸡的头部,右手用滴管吸取药液,滴入鸡的鼻孔或眼内,当药液滴在鼻孔上不吸入时,可用右手食指把鸡的另一个鼻孔堵住,药液便很快被吸入。

2. 注意事项

此法适合雏鸡新城疫Ⅱ系、Ⅲ系、Ⅳ系疫苗和传染性支气管炎、传染性喉气管炎等弱毒疫苗的接种,由于接种均匀、免疫效果较好,被养殖界称为弱毒苗的最佳免疫方法。

二、饮水法

1. 操作方法

对日龄较大的鸡群,要逐只进行免疫接种,费时费力,且不能在短时间内完成全群免疫,因而生产中常采用饮水法,即将疫苗混于饮水中,让鸡在较短时间内饮完,以达到免疫接种的目的。

2. 注意事项

(1)在投放疫苗前,要停供饮水2~3 h(依不同季节酌定),以使鸡群有较强的渴欲,保证能在2 h内把疫苗水饮完。

(2)配制鸡饮用的疫苗水,需在用时按要求配制,不可事先配制备用。

(3)稀释疫苗的用水量要适当。正常情况下,每500份疫苗,2日龄至2周龄用水5 L,2~4周龄7 L,4~8周龄10 L,8周龄以上20 L。

(4)水槽的数量应充足,可以供给全群鸡同时饮水。

(5)应避免使用金属饮水槽,水槽在用前不应消毒,但应充分洗刷干净,不含有饲料或粪便等杂物。

(6)水中应不含有氯和其他杀菌物质。盐碱含量较高的水,应煮沸、冷却,待杂

质沉淀后再用。

(7)要选择一天当中较凉爽的时间用苗，疫苗水应远离热源。

(8)有条件时可在疫苗水中加0.5%脱脂奶粉，对疫苗有一定的保护作用。

(9)此法适用于鸡新城疫Ⅱ系疫苗、新城疫灭活疫苗、传染性支气管炎疫苗、传染性法氏囊病疫苗等。

三、肌内注射法

1. 操作方法

使用时，一般按规定倍数稀释后，较小的鸡每只注射0.2～0.5 mL，成鸡每只注射1 mL。注射部位可选择胸部肌肉、翼根内侧肌肉或腿部外侧肌肉。注射腿部应选在腿外侧无血管处，顺着腿骨方向刺入，避免刺伤血管神经。

1. 注意事项

注射胸部应将针头顺着胸骨方向，选中部并倾斜30°刺入，防止垂直刺入伤及内脏。2月龄以上的鸡可以选在翼根部肌肉多的地方注射。此法适合鸡瘟Ⅰ系疫苗、马立克氏弱毒苗及禽霍乱弱毒苗或灭活苗。

四、皮下注射法

1. 操作方法

多采用雏鸡颈背皮下注射法，注射时先用左手拇指和食指将雏鸡颈背部皮肤轻轻捏住并提起，右手持注射器将针头刺入皮肤与肌肉之间，然后注入疫苗液，应注意防止伤及鸡颈部血管、神经。

2. 注意事项

此法主要用于接种鸡马立克氏病弱毒疫苗、新城疫Ⅰ系疫苗。

五、翅内刺种法

1. 操作方法

用蘸笔或接种针蘸取稀释好的疫苗，在鸡翅膀内侧无血管处刺种，20日龄内雏鸡刺1针，大鸡刺2针，3 d后检查刺种部位，若有小肿块或红斑则表示接种成功，否则需重新刺种。

2. 注意事项

此法适用于鸡瘟Ⅰ系疫苗和鸡痘疫苗的接种。

六、气雾接种法

1. 操作方法

这种方法是用压缩空气通过气雾发生器，使稀释的疫苗液形成直径为1～10 μm的雾化粒子，均匀地悬浮于空气中，随呼吸而进入鸡体内。

2. 注意事项

（1）所用疫苗必须是高价的、倍量的。

（2）稀释疫苗应用去离子水或蒸馏水，最好加0.1%脱脂奶粉或明胶。

（3）雾滴大小要适中，用于成鸡免疫接种雾粒的直径应在5～10 μm，用于雏鸡免疫接种雾粒的直径应在30～50 μm。

（4）喷雾时房舍要密闭，要遮蔽直射阳光，保持一定的温湿度，最好在夜间鸡群密集时进行，喷雾结束10～15 min后再打开门窗。

（5）气雾免疫接种时对鸡群的干扰较大，尤其会加重鸡由病毒、霉形体及大肠杆菌引起的气囊炎，应予以注意，必要时于气雾免疫接种前后在饲料中加入抗菌药物。

（6）此法主要适用于接种鸡新城疫Ⅰ系疫苗、鸡新城疫Ⅱ系疫苗、新城疫灭活疫苗和传染性支气管炎弱毒疫苗等。

七、擦刷肛门法

1. 操作方法

将疫苗按要求稀释，捉鸡倒提，用手捏鸡腹使肛门黏膜外翻，用接种刷或棉球，擦刷肛门内黏膜，使黏膜发红为止，每擦刷500只鸡更换1把刷子。

2. 注意事项

此法主要用于鸡传染性喉气管炎疫苗的接种。

第三节　常见禽病诊治

一、禽流感

（一）流行特征

禽流感的临床流行特征是发病急、传播迅速且形式多样，致死率高，一旦发生，很难控制。几乎所有家禽在任何日龄均对流感病毒易感。禽类是流感病毒主要的贮存宿主和感染宿主，其中火鸡最易感，鸡次之。呼吸道是禽流感传播的主要途径，感染动物可通过咳嗽、打喷嚏等随呼吸道分泌物排出病毒，经飞沫感染其他易感动物。患禽亦可随粪便排出大量病毒，密切接触感染家禽的分泌物和排泄物、受病毒污染的物品和水等可被感染，同时粪便中的病毒会通过空气发生远距离传播。迁徙的候鸟也是重要的传染源。目前尚无经卵垂直传播的证据。

禽流感一年四季均可发生，但多发于秋冬季节，尤其是秋冬交界、冬春交界气候变化大的时节。低致病性禽流感多发于野禽中，通常患病野禽只表现轻微症状，甚至根本观察不到发病症状。高致病性禽流感的流行特点是发病急、传播快，致死率可达100%。

（二）临床症状

禽流感潜伏期一般3～5 d，短的仅几小时。高致病性禽流感常发病突然，流行开始时并无明显临床症状，禽迅速死亡，死亡通常发生于感染后1 d内。急性病例的临床表现主要有体温升高、精神沉郁、不食、口渴、不愿走动、羽毛松乱、头翅下垂、冠及肉髯和跗关节肿胀，眼结膜发炎、分泌物增多，鼻腔有黏性分泌物，病禽下痢，排出黄绿色稀便，蛋鸡产蛋率明显下降。有的病禽可见神经症状，共济失调，不能走动和站立。病死率可达50%～100%。非高致病性毒株引起的禽流感表现的临床症状差异较大，一般包括精神沉郁，不愿活动，采食量明显下降，消瘦，母鸡产蛋减少，轻度至严重的呼吸道症状，咳嗽、喷嚏、流泪，羽毛松乱，皮肤发绀，腹泻和精神紊乱等,病死率为10%～15%。

(三)病理变化

禽流感的病理变化同感染毒株毒力的强弱、病程长短和禽种的不同而变化。高致病性禽流感的主要特征是暴发时的突然死亡和高死亡率,有时由于在病理变化形成之前病禽即已迅速死亡,而可能没有明显的病变。高致病性毒株可引起皮肤和各种内脏器官的充血、出血和渐进性坏死等变化。而由低致病性毒株引起的禽流感其主要临床特征是发病率高和死亡率低,产蛋率、受精率及孵化率有明显下降,最常见的病变是卵巢退化、出血和卵子破裂,内脏的尿酸盐沉积(内脏型痛风),肾肿大,肺充血和水肿,气管炎、肠炎及气囊炎、输卵管炎等,说明低毒力株主要侵害泌尿生殖道。剖检死禽可见病变表现在以下三个方面:

(1)呼吸系统病变,呼吸道尤其是鼻窦病变,典型特征是出现卡他性、纤维蛋白性、浆液纤维素性、黏脓性或纤维素性脓性炎症,气管黏膜充血、水肿,偶尔出血。

(2)生殖系统病变,产蛋禽的卵巢炎症,卵泡出血、变性和坏死,输卵管水肿,浆液性、干酪样渗出,卵黄性腹膜炎。

(3)消化系统病变,腺胃、肌胃出血,肠道出血及溃疡。

(四)防治措施

要达到预防和控制的目的,一个重要的方面就是在家禽饲养环节中普及病毒如何入侵、如何传播以及如何阻止这些事件的发生等知识。家禽中的流感病毒最有可能来源于其他感染禽,因此预防家禽感染流感病毒的基本措施就是将易感禽与已经感染的禽和它们的分泌物及排泄物隔离。一旦易感禽与感染禽密切接触或将感染禽的污染物引入易感禽的禽舍,就会导致病毒的传播。引入途径与设备、鞋和衣服、车辆、授精仪器等的转移有关。带有病毒的粪便是病毒随设备和人传播的重要媒介。野鸟作为流感病毒的储藏库,可以说是家禽尤其是散养禽感染流感病毒的主要传播媒介,因此减少家禽与野鸟之间的接触非常重要。活禽市场则是商品禽感染流感病毒的重要病毒源。流感病毒可以从呼吸道和消化道排出,因此在禽舍中禽与禽之间的传播可能是由空气和摄食引起的。污染的粪尿最有可能导致疾病在禽群之间传播。在商品禽感染流感病毒后,被污染的可移动的设备和工作人员、家禽市场、感染禽的交易,以及清洗和消毒不彻底等都会导致疾病的传播。所有的控制措施都应以防止污染和控制人员和设备的流动为基础。直接与禽或其

粪便接触的人是导致许多疾病在禽舍和农场之间传播的重要媒介。因此,禽舍的设备在没有充分清洗和消毒之前不能在农场之间流动,并且必须保持禽舍附近的道路不被粪便污染。流感病毒灭活疫苗已经广泛应用于禽的免疫,证实其可以有效地阻止临床发病和死亡。但是,该疫苗的保护效力具有亚型特异性。

二、新城疫

(一)流行特征

新城疫是一种急性、高度接触性传染病。病死鸡及在间歇期的带毒鸡是本病的主要传染源。病鸡的排泄物、分泌物及被污染的饲料、饮水和垫料等均含有病毒,健康禽通过呼吸道、眼结膜及消化道感染,也可垂直传播。新城疫病毒的宿主范围大,能自然感染或人工感染新城疫病毒的鸟类超过 250 多种,水禽是新城疫病毒的天然贮存库,野生水禽为无毒毒株的原始宿主,并且绝大多数水禽对强毒株具有极强的抵抗力,鹅、鸭等也能携带新城疫病毒。鸡是新城疫病毒的最主要的宿主,各个年龄的鸡易感性有差异,幼雏和中雏易感。该病一年四季均可发生,但以春秋两季发生较多。该病潜伏期通常为 21 d。

(二)临床症状

在我国,根据临诊表现和病程长短,新城疫分为最急性、急性和慢性 3 个型。

1. 最急性型

此型多见于雏鸡和流行初期。鸡常突然发病,无特征性症状而迅速死亡,往往头天晚上饮食活动如常,翌晨发现死亡。

2. 急性型

鸡表现有呼吸道、消化道、生殖系统、神经系统异常。往往以呼吸道症状开始,继而下痢。起初体温升高达 43 ~44 ℃,表现为咳嗽,黏液增多;冠和肉髯呈暗红色或紫色;精神委顿,食欲减少或丧失,渴欲增加;羽毛松乱,不愿走动,垂头缩颈,翅翼下垂,眼半闭或全闭,状似昏睡。母鸡产蛋停止或产软壳蛋。病鸡咳嗽,有黏性鼻液,呼吸困难,有时伸头、张口呼吸,发出“咯咯”的喘鸣声,或突然出现怪叫声;口角流出大量黏液,为排除黏液,常甩头或吞咽;嗉囊内积有液体状内容物,倒提时常从口角流出大量酸臭的暗灰色液体;排黄绿色或黄白色水样稀便,有时混有少量血液,后期粪便呈蛋清样。部分病例出现神经症状,如翅、腿麻痹,站立不稳,水禽、鸟等不能飞行、失去平衡等,最后体温下降,不久在昏迷中死去,死亡率达90%以上。1月龄内的雏禽病程短,症状不明显,死亡率高。

3. 慢性型

多发生于流行后期的成年禽。耐过急性型的病禽,常以神经症状为主,初期症状与急性型相似,不久有好转,但出现神经症状,如翅膀麻痹、跛行或站立不稳,头颈向后或向一侧扭转,常伏地旋转,反复发作。在间歇期内一切正常,貌似健康,但若受到惊扰刺激或抢食,则又突然发作,头颈屈仰,全身抽搐旋转,数分钟又恢复正常。最后可变为瘫痪或半瘫痪,或者逐渐消瘦,终至死亡,但病死率较低。

(三)病理变化

1. 剖检变化

剖检可见各处黏膜和浆膜出血,特别是腺胃乳头和贲门部出血;心包、气管、喉头、肠和肠系膜充血或出血;直肠和泄殖腔黏膜出血;卵巢坏死、出血,卵泡破裂性腹膜炎等;消化道淋巴滤泡肿大、出血和溃疡,这是新城疫的一个突出特征。消化道出血病变主要分布于:腺胃前部—食管移行部,腺胃后部—肌胃移行部,十二指肠起始部,十二指肠后段向前2~3 cm处,小肠游离部前半部第一段下1/3处,小肠游离部前半部第二段上1/3处,小肠游离部后半部第一段中间部分,回肠中部(两盲肠夹合部),盲肠扁桃体在左右回盲口各1处。非典型新城疫剖检可见气管轻度充血,有少量黏液,鼻腔有卡他性渗出物,气囊混浊,少见腺胃乳头出血等典型病变。

2. 组织学病变

主要表现为腺胃、肌胃黏膜上皮发生变性、脱落或不同程度坏死,固有膜淋巴细胞、异嗜性粒细胞浸润及浆液性渗出。

(1)肠道内小动脉和静脉管壁发生纤维素样坏死,引起出血与血浆浸润,溃疡部血红蛋白弥散,残留大量红细胞残余物、血浆与崩解的白细胞成分。坏死部黏膜层、黏膜下层与肌层失去固有结构,偶在浆膜下结缔组织呈现轻度炎性浸润。其他肠黏膜呈卡他性或出血性炎症,黏膜上皮变性、坏死并大量脱落。肠腺深部腺细胞呈现不同程度变性,固有膜大量淋巴细胞浸润,浆液渗出、充血和出血。

(2)肝表现为颗粒变性或脂肪变性,肉眼可见黄白色坏死灶。

(3)脾主要表现为组织的局灶性坏死和浆液－纤维素的渗出,坏死部位呈现胞

质崩解、核碎裂及不同程度的浆液和纤维素性渗出。

(4)心脏主要表现为心肌颗粒变性,偶见灶性的淋巴细胞浸润和水肿。

(5)肺主要病变是增生与渗出,肺泡壁细胞增生与肥大,气囊膜水肿、细胞浸润,结缔组织增生增厚。

(6)肾通常以肾曲细管的上皮细胞变性为多见,肾小管上皮细胞变性,间质中血管充血和淋巴细胞浸润也常见。

(7)胸腺组织中淋巴细胞发生坏死性变化,可见明显的充血和不同程度的浆液渗出,胸腺小体崩解液化。

此外,除最急性病例或较严重的肠型病例外,多可见到非化脓性脑膜脑炎,脑膜充血,浆液与淋巴细胞浸润,脑实质中胶质细胞增生,神经细胞变性 - 血管周围淋巴细胞浸润与血管内皮细胞肿胀。

(四)防治措施

无论从何种范围来控制新城疫,其目标都是防止易感禽被感染,可通过免疫接种来减少易感禽的数量。理论上,新城疫免疫接种可以诱导产生抗感染和抗病毒增殖的免疫力,但事实上,新城疫免疫接种只能防止发生更严重的禽类疾病,病毒仍然能够增殖并排毒,只是病毒量有所减少。对于养禽业,应该强调的是,免疫接种不能替代良好的饲养管理、生物安全和良好的卫生措施。免疫程序应根据疫病流行情况、疫苗种类、母源抗体、其他疫苗的使用情况、是否有其他病原感染、鸡群大小、鸡群饲养期、劳力、气候条件、免疫接种史及成本等来制订和调整。

三、鸡传染性喉气管炎

(一)流行特征

鸡传染性喉气管炎自然感染的潜伏期为 6 ~ 12 d,是一种接触性传染病。病鸡、康复鸡或亚临床感染鸡是本病的主要传染源。感染后排毒期为 6 ~ 8 d,部分康复鸡可以长期带毒,排毒期可长达 2 年。该病主要通过呼吸道及眼感染,也可经消化道感染。被鼻腔分泌物污染的垫草、饲料、饮水及用具可造成本病的机械传播,人和野生动物的活动也可传播病毒。

本病一年四季均能发生,因鸡传染性喉气管炎病毒对高温的抵抗力弱,因此,夏季发病较少，冬春寒冷季节发病较多。该病毒主要侵害鸡，各年龄、品种的鸡均易感，但以育成鸡和成年产蛋鸡多发，发病症状也最典型。幼龄火鸡、野鸡、鹌鹑和孔雀也可感染。

长期潜伏感染是鸡传染性喉气管炎的主要流行病学特征，病毒感染导致的潜伏感染在一定条件下，如应激，病毒会重新激活，引起鸡群呈现周期性的自然发病。

（二）临床症状

鸡传染性喉气管炎的病程一般为 7～15 d，时间长的可以延至 30 d。其临床表现随病毒毒力、侵害部位的不同差别较大，可分为急性型（喉气管型）和温和型（眼结膜型）两种类型。

1. 急性型

由高致病性的毒株引起。主要发生于成年鸡，发病初期，常有数只病鸡突然死亡。感染鸡鼻孔有分泌物，眼流泪，伴有结膜炎。其后表现为特征性呼吸道症状，伸颈张口吸气，低头缩颈呼气，闭眼呈痛苦状，蹲伏地面或架上。病鸡体温上升到 43 ℃，咳嗽或左右摇头，咳血痰常附着于墙壁、水槽、食槽或鸡笼上，个别鸡的嘴有血染。将鸡的喉头用手向上顶，令鸡张开口，可见喉头周围有泡沫状液体，喉头出血。若喉头被血液或纤维蛋白凝块堵塞，病鸡会窒息死亡。死亡鸡的鸡冠及肉髯呈暗紫色，体况较好，多呈仰卧姿势。急性型病鸡死亡率 10%～40%，如有继发感染时死亡率高达 50%～70%。最急性病例可于 24 h 左右死亡，多数 5～10 d 或更长时间后死亡，不死者多经 8～10 d 恢复，有的可成为带毒鸡。

2. 温和型

由低致病性毒株引起，主要发生于 30～40 日龄鸡。病鸡表现为眼结膜充血，眼睑肿胀，1～2 d 后流眼泪及鼻液，分泌黏性或干酪样物，上下眼睑被分泌物粘连，眶下窦肿胀，眼结膜炎，不断用爪抓眼，有的病鸡失明。病鸡偶见呼吸困难，生长迟缓。本型死亡率低（大约 5%），如果有继发感染和应激因素存在，死亡率会有所增加。病鸡产蛋率下降，畸形蛋增多。

（三）病理变化

1. 剖检变化

（1）急性型。典型病理变化在喉头和气管的前半部。发病初期，喉头和气管黏膜肿胀、充血、出血，甚至坏死，并可见带血的黏性分泌物或条状血凝块。中后期死

亡鸡只喉头和气管黏膜附有黄白色纤维素性伪膜，并形成气管塞，患鸡多因窒息而死亡。严重时，炎症可扩散到支气管、肺、气囊或眶下窦。内脏器官无特征性病变。后期死亡鸡只常见继发感染的相应病理变化，如大肠杆菌病、鸡白痢和鸡慢性呼吸道病等。

(2)温和型。表现为浆液性结膜炎，也有的发生纤维素性结膜炎，在结膜囊内沉积纤维素性干酪样物质。

2. 组织学病变

鸡传染性喉气管炎组织病理学变化主要见于喉头、气管、结膜。特征性组织病理变化为气管上皮细胞混浊肿胀、纤毛脱落，气管黏膜和黏膜下层可见淋巴细胞、组织细胞和浆细胞浸润，黏膜细胞变性。病毒感染后 12 h，在气管、喉头黏膜上皮细胞核内可见嗜酸性包涵体，48 h 内包涵体最多。病毒接种鸡胚 36 h 后在外胚层细胞内可见到核内包涵体。

(四)防治措施

由于病毒感染或疫苗接种可引起鸡的潜伏感染，因此应避免将免疫鸡或康复鸡同易感鸡混群饲养。种鸡混群饲养时一定要留下完整的记录，同时，采取正确的生物安全措施，避免易感鸡群接触污染物。采取严格检疫和卫生措施，防止工作人员、饲料、设备和鸡的流动是成功防控的关键，疫苗接种是使易感鸡群产生免疫的最好方法。

四、鸡传染性支气管炎

(一)流行特征

鸡传染性支气管炎在鸡群中传播速度快，是一种高度接触性传染病。本病的主要传播方式是发病鸡通过呼吸道和泄殖腔排毒。病鸡从呼吸道排毒，经空气中的飞沫和尘埃传给易感鸡。病鸡泄殖腔排毒，通过饲料、饮水、器械和饲养员等媒介的交叉感染，经消化道间接传播本病。本病潜伏期为 36 h 或更长，人工感染为 18 ~ 36 h，病鸡带毒时间长，康复后 49 d 仍可排毒。

本病一年四季均可流行，尤其在秋冬和冬春交替时期，天气多变的季节里易发病，南方高温高湿的气候下也多发。鸡是传染性支气管炎病毒的易感动物，不同年龄、性别和品种的鸡均易感，以 1 ~4 周龄的鸡最易感。传染性支气管炎病毒的传染力极强，特别容易通过空气在鸡群中迅速传播，数日内即可波及全群。

（二）临床症状

鸡受传染性支气管炎病毒感染后临床表现与鸡的日龄及应激状况等鸡场管理水平有关，同时与感染毒株和是否存在并发症有关，一般都会有不同程度的呼吸道症状，蛋鸡产蛋率下降。

1. 呼吸型

病鸡表现出精神不振、食欲下降、羽毛蓬松、嗜睡、畏寒怕冷等症状，进而出现张口伸颈呼吸、咳嗽、打喷嚏、气管啰音，尤以夜间较为明显，个别有怪叫声音。14 日龄以内的雏鸡症状比较严重，常见鼻窦肿胀出血，流出半透明的黏性鼻液，气管有片状、环状出血，有流泪、甩头等症状。3 月龄以上的鸡只感染本病而无混合或继发感染的情况下几乎不引起死亡。产蛋鸡感染后呼吸道症状温和，主要表现为产蛋率下降，蛋的品质下降，蛋壳增厚、褪色、表面凹凸不平，产软壳蛋、畸形蛋，蛋清稀薄如水，并黏附于壳膜表面。

2. 肾　型

多发于 2 ~4 周龄雏鸡，雏鸡发病时常常伴有轻微的呼吸道症状（同呼吸型传染性支气管炎病毒，但症状表现不如呼吸型明显），表现为饮水量增加，反应迟钝，有些雏鸡眼周围呈暗紫色，排白色或水样粪便，迅速消瘦，腿部干燥、无光泽，脚爪干瘪、脱水。成年产蛋鸡发病主要表现为产蛋量显著下降，蛋壳薄而易破、颜色变浅，且蛋清稀薄，粪便中出现大量白色尿酸盐。该型易继发其他病原微生物的感染而引起死亡。

3. 生殖道型

发病初期以呼吸道有“呼噜”声为主，同时出现采食下降，排稀软或水样粪便，病鸡表现为腹部较大，触诊有明显的波动感，走路呈企鹅状。蛋鸡产蛋量减少，感染越早影响越大，康复后也不能恢复至正常产蛋水平。

4. 肠　型

病鸡主要表现为脱水，剧烈水泻，还可出现呼吸道症状。对产蛋鸡的致病力因毒株而异，有些毒株仅使蛋壳颜色变化而对产蛋量无影响，有些则使产蛋量下降 10% ~50%。

5. 腺胃型

多发生于 20 ~80 日龄的雏鸡群，雏鸡发病早期有明显的呼吸道症状。病鸡表

现为生长缓慢、精神沉郁，随着病程发展，病情加重，严重者可因呼吸困难而死亡。发病鸡高度消瘦，排白绿色稀便，发育迟缓，全群鸡整齐度差。

（三）病理变化

1. 呼吸型

主要引起呼吸器官的功能障碍，表现为鼻腔和窦内有浆液性、黏液性和干酪样渗出物，气管下部充血、出血，管腔中有黄色或黑黄色栓塞物，肺水肿或出血。病程长者可见支气管内有黄白色干酪样的阻塞物，气囊可呈现不同程度的混浊、增厚。产蛋鸡卵泡充血、出血、变形。18 日龄以下鸡感染可造成输卵管发育异常，并造成永久性损伤。

2. 肾　型

可引起肾肿大，呈苍白色，肾小管充满尿酸盐结晶，扩张，外形呈闩线网状，为间质性肾炎变化，俗称"花斑肾"。输卵管扩张，并和直肠、泄殖腔一样有尿酸盐结晶。严重的病例在心包和腹腔脏器表面可见白色尿酸盐沉着。还可见法氏囊黏膜充血、出血，囊腔内积有黄色胶冻状物；肠黏膜呈卡他性变化；气管内有时呈卡他性表现；全身皮肤和肌肉发绀，肌肉失水。

3. 生殖道型

患鸡初期气管内有黏液，输卵管发育受阻，变细、变短或呈囊状，形成幼稚型输卵管，狭部阻塞或形成水疱，而卵泡发育正常，成熟后排入腹腔、输卵管内，引起大量卵黄堆积在腹腔，使有的产蛋鸡卵泡变形甚至破裂。恢复期输卵管充血、水肿，卵巢萎缩，蛋清稀薄如水样。

4. 肠　型

除引起呼吸道、肾和生殖道的病变外，还造成某些肠道的损伤。嗜肠型传染性支气管炎病毒的剖检变化一般表现为气管黏液增多、脱水、上皮黏膜水肿。主要是引起直肠的变化，剖解可见直肠组织以淋巴细胞、巨噬细胞等局灶性浸润为特征的炎性变化。在肠道组织可见绒毛端上皮细胞脱落和黏膜下层充血。

5. 腺胃型

初期病变不明显，病鸡极度消瘦，气管内有黏液。中后期腺胃明显肿大，为正常时的 3 ~5 倍，腺胃乳头平整融合，轮廓不清，可挤出脓性分泌物，腺胃壁增厚，黏膜有出血和溃疡。十二指肠有不同程度的炎症变化及出血，盲肠扁桃体肿大。还可见肾肿大、法氏囊、胸腺萎缩等。

(四)防治措施

(1)加强饲养管理,降低饲养密度,避免鸡群拥挤,注意温度、湿度变化,避免过冷、过热。加强通风,防止有害气体刺激呼吸道。合理配比饲料,防止维生素缺乏,尤其是维生素 A 的缺乏,以增强机体的抵抗力。

(2)适时接种疫苗。对呼吸型传染性支气管炎,首免可在 7 ~ 10 日龄用传染性支气管炎 H120 弱毒疫苗点眼或滴鼻;二免可于 30 日龄用传染性支气管炎 H52 弱毒疫苗点眼或滴鼻;开产前用传染性支气管炎灭活油乳疫苗肌内注射(每只 0.5 毫升)。对肾型传染性支气管炎,可于 4 ~ 5 日龄和 20 ~ 30 日龄用肾型传染性支气管炎弱毒疫苗进行免疫接种,或用灭活油乳疫苗于 7 ~ 9 日龄颈部皮下注射。而对传染性支气管炎病毒变异株,可于 20 ~ 30 日龄、100 ~ 120 日龄接种 4/91 弱毒疫苗,或皮下及肌内注射灭活油乳疫苗。

(3)本病目前尚无特异性治疗方法,改善饲养管理条件、降低鸡群密度、饲料或饮水中添加抗生素对防止继发感染具有一定的作用。对肾型传染性气管炎,发病后应降低饲料中蛋白质的含量,并注意补充 K^+ 和 Na^+,具有一定的治疗作用。

五、传染性法氏囊病

(一)流行特征

传染性法氏囊病(IBD)的自然宿主仅为雏鸡和火鸡,3 ~ 6 周龄鸡最易感,也有 15 周龄以上鸡发病的报道。本病全年均可发生,无明显季节性。病鸡是主要传染源,病鸡粪便中含有大量病毒,鸡可通过直接接触和被污染的饲料、饮水、垫料、尘埃、用具、车辆、人员、衣物等间接传播,老鼠和甲虫等也可间接传播。本病病毒通过消化道和呼吸道感染,未有证据表明经卵传播。另外,经眼结膜也可传播。

本病一般发病率高(可达 100%),而死亡率不高(多为 5% 左右,也可达20% ~ 30%),卫生条件差而伴发其他疾病时死亡率可升至 40% 以上,雏鸡死亡率甚至可达 80% 以上。

本病的另一流行病学特点是发生本病的鸡场常常出现新城疫、马立克氏病等疫苗接种的免疫失败,这种免疫抑制现象常使发病率和死亡率急剧上升。IBD 产生的免疫抑制程度随感染鸡的日龄不同而异,初生雏鸡感染该病毒最为严重,可使

法氏囊发生坏死性的不可逆病变。1 周龄后或 IBD 母源抗体消失后而感染该病毒的鸡,其影响有所减轻。

(二)临床症状

本病潜伏期为 2 ~3 d,易感鸡群感染后发病突然,病程一般为 1 周左右,典型发病鸡群的死亡曲线呈尖峰式。发病鸡群的早期症状之一是有些病鸡有啄自己肛门的现象,随即病鸡出现腹泻,排出白色黏稠或水样稀便。随着病程的发展,病鸡食欲逐渐消失,颈和全身震颤,步态不稳,羽毛蓬松,精神委顿,卧地不动,体温常升高,泄殖腔周围的羽毛被粪便污染。此时病鸡脱水严重,趾爪干燥,眼窝凹陷,最后衰竭死亡。急性型病鸡可在出现症状 1 ~2 d 后死亡,鸡群 3 ~5 d 达死亡高峰,以后逐渐减少。在初次发病的鸡场多呈显性感染,症状典型,死亡率高,以后发病多转入亚临诊型。近年来发现部分 I 型变异株所致的病型多为亚临诊型,死亡率低,但其造成的免疫抑制严重。

(三)病理变化

病死鸡肌肉色泽发暗,大腿内外侧和胸部肌肉常见条纹状或斑块状出血。腺胃和肌胃交界处常见出血点或出血斑。法氏囊病变具有特征性水肿,比正常大 2 ~3倍,囊壁增厚,外形变圆,呈土黄色,外包裹有胶冻样透明渗出物。黏膜皱褶上有出血点或出血斑,内有炎性分泌物或黄色干酪样物。随病程延长,法氏囊萎缩变小,囊壁变薄,第 8 d 后仅为其原质量的 1/3。严重病例可见法氏囊严重出血,呈紫黑色,如紫葡萄状。肾脏肿大,常见尿酸盐沉积,输尿管因有多量尿酸盐而扩张。盲肠扁桃体多肿大、出血。

(四)防治措施

实行科学的饲养管理和严格的卫生措施。采用全进全出饲养体制,采用全价饲料。鸡舍应换气良好,温度、湿度适宜,消除各种应激条件,提高鸡体免疫应答能力。对 60 日龄内的雏鸡最好实行隔离封闭饲养,杜绝传染来源。

严格卫生管理,加强消毒净化措施。进鸡前鸡舍(包括周围环境)用消毒液喷洒→清扫→高压水冲洗→消毒液喷洒(几种消毒剂交替使用 2 ~3 遍)→干燥→甲醛熏蒸→封闭 1 ~2 周后换气再进鸡。饲养鸡期间,定期进行带鸡气雾消毒,可采用 0.3% 次氯酸钠或过氧乙酸等,按 30 ~50 mL/m^3 药液进行气雾消毒。

做好免疫接种。目前使用的疫苗主要有灭活苗和活苗两类。灭活苗主要有组织灭活苗和油佐剂灭活苗，使用灭活苗对已接种活苗的鸡效果好，并使母源抗体保护雏鸡长达4～5周。疫苗接种途径有注射、滴鼻、点眼、饮水等多种免疫方法，可根据疫苗的种类、性质、鸡龄、饲养管理等情况进行具体选择。

六、马立克氏病

（一）流行特征

马立克氏病易感动物为鸡和火鸡，另外雉、鹆、鸭、鹅、金丝雀、小鹦鹉、天鹅、鹌鹑和猫头鹰等许多禽种都可观察到类似马立克氏病的症状。本病最易发生在2～5月龄的鸡，主要通过直接或间接接触经空气传播。绝大多数鸡在生命的早期吸入有传染性的皮屑、尘埃和羽毛引起鸡群的严重感染。带毒鸡舍的工作人员的衣服、鞋靴及鸡笼、车辆都可成为该病的传播媒介。该病发病率和病死率差异很大，可由10%以下到50%～60%。

（二）临床症状

据症状和病变发生主要部位，本病临床上分为4种，即神经型（古典型）、内脏型（急性型）、眼型和皮肤型，有时可混合发生。

1. **神经型**

主要侵害外周神经，侵害坐骨神经最为常见。病鸡步态不稳，发生不完全麻痹，后期则完全麻痹，不能站立，蹲伏在地上。臂神经受侵害时则被侵侧翅膀下垂，呈一腿伸向前方另一腿伸向后方的特征性姿态；当侵害支配颈部肌肉的神经时，病鸡发生头下垂或头颈歪斜；当迷走神经受侵时，则可引起失声、嗉囊扩张及呼吸困难；腹神经受侵时，则常有腹泻症状。

2. **内脏型**

多呈急性暴发，常见于幼龄鸡群，开始以大批鸡精神委顿为主要特征，几天后部分病鸡出现共济失调，随后出现单侧或双侧肢体麻痹。部分病鸡死前无特征临床症状，很多病鸡表现为脱水、消瘦和昏迷。

3. **眼　型**

出现单眼或双眼视力减退或消失。虹膜失去正常色素，呈灰白色同心环状或

斑点状。瞳孔边缘不整齐，到严重阶段瞳孔只剩下一个针头大的小孔。

4. 皮肤型

此型一般缺乏明显的临诊症状，往往在剖解后拔毛时发现毛囊增大，形成淡白色小结节或瘤状物。此种病变常见于大腿部、颈部及躯干背面生长粗大羽毛的部位。

（三）病理变化

病鸡最常见的病变表现在外周神经，如腹腔神经丛、坐骨神经丛、臂神经丛和内脏大神经，这些地方是主要的受侵害部位。受害神经增粗，呈黄白色或灰白色，横纹消失，有时呈水肿样外观。病变往往只侵害单侧神经。内脏器官中以卵巢的受害最为常见，其次为肾、脾、肝、心、肺、胰、肠系膜、腺胃、肠道和肌肉等。在上述组织中长出大小不等的肿瘤块，呈灰白色，质地坚硬而致密。有时肿瘤组织在受害器官中呈弥漫性增生，整个器官变得很大。皮肤病变多是炎症性的，但也有肿瘤性的，病变位于受害羽囊的周围，除羽囊周围滤泡有单核细胞的大量积聚外，在真皮的血管周围常有增生细胞、少量浆细胞和组织细胞的团块聚集。

（四）防治措施

1. 加强饲养管理和卫生管理

坚持自繁自养，执行全进全出的饲养制度，避免不同日龄鸡混养；实行网上饲养和笼养，减少鸡只与羽毛、粪便接触；严格执行卫生消毒制度，尤其是种蛋、出雏器和孵化室的消毒，常选用熏蒸消毒法；消除各种应激因素，注意对鸡传染性法氏囊病、白血病、网状内皮组织增生病等的免疫与预防；加强检疫，及时淘汰病鸡和阳性鸡。

2. 疫苗接种

疫苗接种是防治本病的关键。在进行疫苗接种的同时，鸡群要封闭饲养，尤其是育雏期间应搞好封闭隔离，可减少本病的发病率。疫苗接种应在 1 日龄进行，所用疫苗主要为火鸡疱疹病毒冻干苗（HVT）、二价苗（Ⅱ型和Ⅲ型组成）。

七、禽白血病

(一)流行特征

禽白血病在自然情况下只有鸡能感染。母鸡的易感性比公鸡高,多发生在18周龄以上的鸡,呈慢性经过,病死率为5% ~6%。

禽白血病传染源是病鸡和带毒鸡。有病毒血症的母鸡,其整个生殖系统都有病毒繁殖,以输卵管的病毒浓度最高,特别是蛋白分泌部,因此其产出的鸡蛋常带毒,孵出的雏鸡也带毒。这种先天性感染的雏鸡常有免疫耐受现象,它不产生抗体,长期带毒排毒,成为重要传染源。后天接触感染的雏鸡带毒排毒现象与接触感染时的年龄有很大关系。雏鸡在2周龄以内感染这种病毒,发病率和感染率很高,残存母鸡产下的蛋带毒率也很高。4 ~8周龄雏鸡感染后发病率和死亡率大大降低,产下的蛋也不带毒。10周龄以上的鸡感染后不发病,产下的蛋也不带毒。

在自然条件下,本病主要以垂直传播方式进行传播,也可水平传播,但比较缓慢,多数情况下接触传播被认为是不重要的。本病的感染虽很广泛,但临床病例的发生率相当低,一般多为散发。饲料中维生素缺乏、内分泌失调等因素可促进本病的发生。

(二)临床症状

禽白血病由于感染的毒株不同,症状和病理特征也不同。

1.淋巴细胞性白血病

这是禽白血病中最常见的一种病型。在14周龄以下的鸡只上极为少见,至14周龄以后开始发病,在性成熟期发病率最高。病鸡精神委顿,全身衰弱,进行性消瘦和贫血,鸡冠、肉髯苍白、皱缩,偶见发绀。病鸡食欲减少或废绝,腹泻,产蛋停止,腹部常明显膨大,用手按压可摸到肿大的肝脏。最后病鸡衰竭死亡。

2.成红细胞性白血病

此型比较少见,通常发生于6周龄以上的高产鸡。临床上分为两种病型,即增生型和贫血型。增生型较常见,主要特征是血液中存在大量的成红细胞;贫血型在血液中仅有少量未成熟成红细胞。两种病型的早期症状均为全身衰弱,嗜睡,鸡冠

稍苍白或发绀，病鸡消瘦、下痢。病程从 12 d 到几个月。

3. 成髓细胞性白血病

此型很少自然发生。其临床表现为嗜睡、贫血、消瘦、毛囊出血，病程比成红细胞性白血病长。

4. 骨髓细胞瘤病

此型自然病例极少见。其全身症状与成髓细胞性白血病相似。由于骨髓细胞的生长，头部、胸部和跗骨异常突起。这些肿瘤很特别地凸出于骨的表面，多见于肋骨与肋软骨连接处、胸骨后部、下颌骨及鼻腔的软骨上。骨髓细胞瘤呈淡黄色，柔软脆弱，或呈干酪状、弥散性或结节状，且多两侧对称。

5. 骨硬化病

在骨干或骨干长骨端区存在均一的或不规则的增厚。晚期病鸡的骨呈特征性的“长靴样”外观。病鸡发育不良、苍白、行走拘谨或跛行。

（三）病理变化

1. 淋巴细胞性白血病

剖检可见肿瘤主要发生于肝、脾、肾、法氏囊，也可侵害心肌、性腺、骨髓、肠系膜和肺。肿瘤呈结节状或弥漫性，灰白色到淡黄白色，大小不一，切面均匀一致，很少有坏死灶。

2. 成红细胞性白血病

剖检时见增生型和贫血型两种病型都表现全身性贫血，皮下、肌肉和内脏有点状出血。增生型的特征性肉眼病变是肝、脾、肾呈弥漫性肿大，樱桃红色到暗红色，有的剖面可见灰白色肿瘤结节。

3. 成髓细胞性白血病

剖检时见骨髓坚实，呈红灰色至灰色，在肝脏（偶然也见于其他内脏）发生灰色弥散性肿瘤结节。

4. 骨硬化病

脚和双翼及全身骨骼都会肿大，管状骨肥大较为明显，此系外骨膜异常性造骨再被成熟骨添加在外骨膜所致，此时骨髓腔变狭小或消失。

（四）防治措施

本病主要为垂直传播，病毒型间交叉免疫力很低，对疫苗不产生免疫应答，所以控制尚无切实可行的方法。

减少种鸡群的感染率和建立无白血病的种鸡群是控制本病的最有效措施。种鸡在育成期和产蛋期各进行2次检测,淘汰阳性鸡。从蛋清和阴道拭子试验阴性的母鸡中选择受精蛋进行孵化,在隔离条件下出雏、饲养,连续进行4代,建立无病鸡群。但该方法由于费时、成本高、技术复杂,一般种鸡场还难以实行。

鸡场的种蛋、雏鸡应来自无白血病种鸡群,同时加强鸡舍孵化、育雏等环节的消毒工作,特别是育雏期(最少1个月)封闭隔离饲养,并实行全进全出制。抗病育种,培育无白血病的种鸡群。生产各类疫苗的种蛋、鸡胚必须选自无特定病原的鸡场。

八、 产蛋下降综合征

(一)流行特征

产蛋下降综合征是由禽类腺病毒引起的一种传染病,任何年龄的鸡均易感,幼龄鸡感染后不表现任何临床症状,血清中也查不出抗体,只有到开产以后,血清才转为阳性。其病毒自然宿主是家鸭或野鸭,鸭感染后虽不发病,但长期带毒,带毒率可达85%以上。

不同品系的鸡对病毒的易感性有差异,26~35周龄的所有品系的鸡都可感染,尤其是产褐壳蛋的肉用种鸡和种母鸡最易感,产白壳蛋的母鸡患病率较低。

流行特点:病毒的毒力在性成熟前的鸡体内不表现出来,因产蛋初期的应激反应致使病毒活化而使产蛋鸡罹病。6~8月龄母鸡处于发病高峰期。

该病毒既可水平传播,又可垂直传播,被感染鸡可通过种蛋和种公鸡的精液传递。有人从鸡的输卵管、泄殖腔、粪便、咽黏膜、白细胞、肠内容物等分离到禽类腺病毒。可见,该病毒可通过这些途径向外排放,污染饲料、饮水、用具,经水平传播使其他鸡感染。

(二)临床症状

感染鸡群无明显临诊症状,通常是26~36周龄产蛋鸡突然出现群体性产蛋量下降,产蛋率比正常下降20%~30%,甚至达50%。产软壳蛋、薄壳蛋、无壳蛋、小蛋,蛋体畸形,蛋壳表面粗糙,呈白灰色、灰黄色粉样,褐壳蛋则色素消失、颜色变

浅;蛋白水样,蛋黄色淡,或蛋白中混有血液、异物等。异常蛋可占产蛋量的15%或以上,蛋的破损率增高。

(三)病理变化

本病常缺乏明显的病理变化,其特征性病变是输卵管各段黏膜发炎、水肿、萎缩,卵巢萎缩变小或有出血,子宫黏膜发炎,肠道出现卡他性炎症。

(四)防治措施

1. 加强卫生管理

本病可通过种蛋垂直传播,原则上,引种必须从未发生过本病的鸡场引入,引进需隔离观察一定时间。本病也可水平传染,为防止水平传播,场内鸡群应隔离,按时进行淘汰。做好鸡舍及周围环境清扫和消毒,粪便进行合理处理是十分重要的。加强鸡群的饲养管理,喂给平衡的配合日粮,特别是保证必需氨基酸、维生素和微量元素的平衡。

2. 免疫预防

免疫接种是本病主要的防治措施。近年来,国内外已开展了禽类腺病毒油佐剂灭活疫苗的研制,该疫苗接种18周龄后备母鸡,经肌内或皮下接种0.45 mL,15 d后产生免疫力,抗体可维持12~16周,以后开始下降,40~50周后抗体消失。种鸡场发生本病时,无论是病鸡群还是同一鸡场其他鸡生产的雏鸡,必须注射疫苗,在开产前4~10周进行初次接种,开产前3~4周进行第二次接种。

九、禽传染性脑脊髓炎

(一)流行特征

禽传染性脑脊髓炎自然感染见于鸡、雉、火鸡、鹌鹑、珍珠鸡等,鸡对本病最易感,各个日龄均可感染,但一般雏禽才有明显症状。本病具有很强的传染性,病毒通过肠道感染后,经粪便排毒,病毒在粪便中能存活相当长的时间。因此,被污染的饲料、饮水、垫料、孵化器和育雏设备都可能成为病毒传播的媒介。本病可在鸡群中传播,在传播方式上以垂直传播为主,也能通过水平传播。产蛋鸡感染后,一般无明显临床症状,但在感染急性期可将病毒排入蛋中,这些蛋虽然大都能孵化出雏鸡，但雏鸡在出壳时或出生后数日内呈现症状。这些被感染的雏鸡的粪便中含有大量病毒，可通过接触感染其他雏鸡，造成重大经济损失。雏鸡发病率一般为40%～60%，死亡率为10%～25%，甚至更高。

（二）临床症状

本病主要见于3周龄内雏鸡，虽出雏时有较多的弱雏、病雏，但有神经症状的病雏大多在1～2周龄出现。病雏最初表现为迟钝，继而出现共济失调，表现为雏鸡不愿走动而蹲坐在自身的跗关节上，驱赶时可勉强以跗关节着地走路，走动时摇摆不定，向前猛冲后倒下；或出现一侧或双侧腿麻痹，一侧腿麻痹时，走路跛行，双侧腿麻痹则完全不能站立，双腿呈一前一后的劈叉姿势，或双腿倒向一侧。肌肉震颤大多在出现共济失调之后才发生，在腿、翼，尤其是头颈部可见明显的阵发性震颤，频率较高，在病鸡受惊扰（如给水、加料、倒提）时更为明显。部分存活鸡可见一侧或两侧眼睛的晶状体混浊或浅蓝色褪色，眼球增大及失明。

（三）病理变化

剖检病鸡唯一肉眼可见的变化是腺胃的肌层有细小的灰白区，个别雏鸡可发现小脑水肿。

（四）防治措施

1. 治　疗

本病尚无有效治疗方法，一般应将发病鸡群扑杀并做无害化处理。如有特殊需要，也可将病鸡隔离，给予舒适的环境，提供充足的饮水和饲料，饮水和饲料中添加维生素E、维生素B_1，避免尚能走动的鸡践踏病鸡等，可减少发病与死亡。

2. 预　防

一是加强消毒与隔离，防止从疫区引进种蛋与种鸡。二是免疫预防。

十、禽霍乱

（一）流行特征

禽霍乱是一种侵害家禽及野禽的接触性疾病，又名禽巴氏杆菌病，致病菌为多

杀性巴氏杆菌。本病对各种家禽，如鸡、鸭、鹅、火鸡等都有易感性，但鹅易感性较差，各种野禽也易感。禽霍乱造成鸡的死亡损失通常发生于产蛋鸡群，因这个年龄的鸡较幼龄鸡更为易感。16 周龄以下的鸡一般具有较强的抵抗力，但临床也曾发现 10 日龄发病的鸡群。自然感染鸡的死亡率通常为 0 ~ 20% 或更高，经常发生产蛋量下降和持续性局部感染。断料、断水或突然改变饲料，都可使鸡对禽霍乱的易感性提高。

多杀性巴氏杆菌在禽群中的传播主要是通过病禽口腔、鼻腔和眼结膜的分泌物进行的，这些分泌物污染了环境，特别是饲料和饮水，导致其他健康禽因取食而被感染。但是，禽粪便中很少含有活的多杀性巴氏杆菌。

（二）临床症状

本病潜伏期一般为 2 ~ 9 d，由于家禽的机体抵抗力和病菌的致病力强弱不同，所表现的病状亦有差异。一般分为最急性型、急性型和慢性型 3 种病型。

1. 最急性型

常见于流行初期，以产蛋高的鸡最常见。病鸡无前驱症状，晚间一切正常，吃得很饱，次日发病死在鸡舍内。

2. 急性型

此型最为常见，病鸡主要表现为精神沉郁，羽毛松乱，缩颈闭眼，头缩在翅下，不愿走动，离群呆立。病鸡常腹泻，排出黄色、灰白色或绿色的稀粪，体温升高到 43 ~ 44 ℃，减食或不食，渴欲增加，呼吸困难，口、鼻分泌物增加，鸡冠和肉髯变青紫色，有的病鸡肉髯肿胀，有热痛感。产蛋鸡停止产蛋。病鸡最后发生衰竭，昏迷而死亡，病程短的约半天，长的 1 ~ 3 d。

3. 慢性型

由急性型不死转变而来，多见于流行后期。临诊以慢性的肺炎、呼吸道炎和胃肠炎较多见。病鸡鼻孔有黏性分泌物流出，鼻窦肿大，喉头因积有分泌物而影响呼吸，经常腹泻，消瘦，精神委顿，鸡冠苍白。有些病鸡一侧或两侧肉髯显著肿大，随后可能有脓性干酪样物质，或肉髯干结、坏死、脱落。有的病鸡有关节炎，常局限于脚或翼关节和腱鞘处，表现为关节肿大、疼痛、脚趾麻痹，因而发生跛行。病程可拖至 1 个月以上，但生长发育和产蛋量长期不能恢复。

（三）病理变化

最急性型死亡的病鸡无特殊病变，有时只能看见心外膜有少许出血点。

急性型病例病变特征较为明显，病鸡的腹膜、皮下组织及腹部脂肪常见小出血点。心包变厚，心包内积有多量不透明淡黄色液体，有的含纤维素絮状液体，心外膜、心冠脂肪出血尤为明显。肺有充血或出血点。肝脏的病变具有特征性，肝稍肿，质变脆，呈棕色或黄棕色。肝表面散布有许多灰白色、针头大的坏死点。

慢性型因侵害的器官不同而有差异。当以呼吸道症状为主时，见鼻腔和鼻窦内有多量黏性分泌物，某些病例见肺硬变。局限于关节炎和腱鞘炎的病例，主要见关节肿大变形，有炎性渗出物和干酪样坏死。公鸡的肉髯肿大，内有干酪样渗出物；母鸡的卵巢明显出血，有时卵泡变形，似半煮熟样。

（四）防治措施

鸡群发病后应立即采取治疗措施，磺胺类药物、氯霉素、红霉素、庆大霉素、环丙沙星、恩诺沙星、喹乙醇均有较好的疗效。在治疗过程中，剂量要足，疗程要合理，当鸡只死亡明显减少后，再继续投药 2 ~3 d 以巩固疗效防止复发。

十一、鸡白痢

（一）流行特征

各个品种的鸡对鸡白痢均有易感性，以 2 ~3 周龄以内雏鸡的发病率与病死率为最高，呈流行性。随着日龄的增加，鸡的抵抗力也增强。成年鸡感染常呈慢性或隐性经过。

火鸡对本病有易感性，但次于鸡。鸭、雏鹅、珠鸡、野鸡、鹌鹑、麻雀、欧洲莺和鸽也有自然发病的报告，芙蓉鸟、红鸠、金丝雀和乌鸦则无易感性。

鸡场存在本病，雏鸡的发病率为 20% ~40%，但新传入发病的鸡场，其发病率显著增高，有时甚至高达 100%，病死率也比老疫场高。本病可经种蛋垂直传播，也可水平传播。

（二）临床症状

本病在鸡不同日龄中所表现的症状和经过有显著的差异。

1. 雏　鸡

潜伏期 4 ~5 d，故出壳后感染的雏鸡多在孵出后几天才出现明显症状。7 ~10 d后雏鸡群内病雏逐渐增多，在第 2、第 3 周达高峰。发病雏鸡呈最急性者，无症

状迅速死亡；稍缓者表现为精神委顿，绒毛松乱，两翼下垂，缩头、颈，闭眼昏睡，不愿走动，拥挤在一起。病初食欲减少，而后停食，多数出现软嗉症状，同时腹泻，排稀薄如糨糊状粪便，肛门周围绒毛被粪便污染，有的因粪便干结封住肛门周围，影响排便。由于肛门周围炎症引起疼痛，故常发生尖锐的叫声，最后因呼吸困难及心力衰竭而死。有的病雏出现眼盲或肢关节跛行症状。

2. 育成鸡

本病多发生于40～80日龄的鸡，发生突然，全群鸡只食欲、精神尚可，总见鸡群中不断出现精神委顿、食欲差和下痢的鸡只，常突然死亡。死亡不见高峰，每天都有鸡只死亡，数量不一。本病病程较长，可拖延20～30 d，死亡率可达10%～20%。

（三）病理变化

1. 雏　鸡

日龄短、发病后很快死亡的雏鸡，病变不明显，常表现为肝大、充血或有条纹状出血，其他脏器充血，卵黄囊变化不大。病期延长者卵黄吸收不良，其内容物色黄如油脂状状干酪样，心肌、肺、肝、盲肠、大肠及肌胃肌肉中有坏死灶或结节。有些卵病例有心外膜炎，肝或有点状出血及坏死点，胆囊肿大，脾有时肿大，肾充血或贫血，输尿管充满尿酸盐而扩张，盲肠中有干酪样物堵塞肠腔，有时还混有血液，肠壁增厚，常有腹膜炎。在上述器官病变中，以肝的病变最为常见，其次为肺、心、肌胃及盲肠的病变。死于几日龄的病雏，见出血性肺炎；稍大的病雏，肺可见有灰黄色结节和灰色肝变。

2. 成年鸡

慢性带菌母鸡，常见卵子变形、变色、质地改变及卵子呈囊状，有腹膜炎，伴以急性或慢性心包炎。受害的卵子常呈油脂状或干酪样，卵黄膜增厚，变性的卵子或仍附在卵巢上，常有长短粗细不一的卵蒂（柄状物）与卵巢相连，脱落的卵子深藏在腹腔的脂肪性组织内。有些卵则自输卵管逆行而坠入腹腔，有些卵则阻塞在输卵管内，引起广泛的腹膜炎及腹腔脏器粘连。可发现腹水，特别见于大鸡。心脏变化稍轻，但常有心包炎，其严重程度和病程长短有关。轻者只见心包膜透明度较差，含有微混浊的心包液。重者心包膜变厚而不透明，逐渐粘连，心包液显著增多，在腹腔脂肪中或肌胃及肠壁上有时发现琥珀色干酪样小囊包。

成年公鸡的病变常局限于睾丸及输精管。睾丸极度萎缩，同时出现小脓肿。

输精管管腔增大,充满稠密的均质渗出物。

(四)防治措施

鸡白痢的防治通常在雏鸡开食之日起,在饲料或饮水中添加抗菌药物,一般情况下可取得较为满意的结果。

在饲料、饮水中添加药物的种类很多,人们曾使用过青霉素、链霉素、土霉素、呋喃唑酮、氯霉素、庆大霉素、诺氟沙星等。从多年来防治实践和细菌的分离、药敏试验结果看,以下药物防治效果比较好,如呋喃唑酮(0.04%拌料)、氯霉素(0.1%拌料)、庆大霉素(2000~3000单位/只,饮水)及新型喹诺酮类药物。此外,兽用新霉素防治雏鸡下痢也有很好的效果,而青霉素、链霉素、土霉素对鸡白痢沙门氏菌可以说几乎无效。

用药物预防应防止长时间使用一种药物,更不要一味加大药物剂量,应该考虑到有效药物可以在一定时间内交替、轮换使用,药物剂量要合理,防治要有一定的疗程。在上述药物给药时除呋喃唑酮投喂时间可长一些(连喂7 d,停药3 d后再投喂5~7 d)之外,其他药物只需投药4~5 d即可达到预防目的。

近些年来生物制剂开始在畜牧业中应用,有的生物制剂在防治畜禽下痢方面有较好效果,具有安全、无毒、不产生副作用、细菌不产生抗药性、价廉等优点,常用的有促菌生、调痢生、乳酸菌等。需要注意的是,在使用这类药物的同时以及前后4~5 d应禁用抗菌药物。经大批量的实验证明,这种生物制剂防治鸡白痢病的效果多数情况下相当或优于药物预防的水平。这类制剂的使用必须保证正常的育雏条件、较好的兽医卫生管理措施,与鸡群的健康状况也有一定关系,在使用时应从小群试验开始,按照规定的剂量、方法进行,取得经验后再运用到生产中去。

育成鸡鸡白痢的治疗要突出一个"早"字,一旦发现鸡群中病死鸡增多,确诊后立即全群给药,可投予恩诺沙星或氯霉素等药物,先投喂5 d后间隔2~3 d再投喂5 d,目的是使新发病例得到有效控制,防止疫情的蔓延扩大。同时加强饲养管理,消除不良因素对鸡群的影响,可以大大缩短病程,最大限度地减少损失。

在免疫防治措施方面,有人曾利用死菌或活菌菌苗控制本病的发生,未获良好效果,故防治本病发生的原则在于杜绝病原的传入,消除群内的带菌者与慢性患者,同时还必须执行严格的卫生、消毒和隔离制度,其综合防治措施如下:

(1)挑选健康种鸡、种蛋,建立健康鸡群,坚持自繁自养,慎重引进种蛋。对健康鸡群,每年春秋两季对种鸡定期用血清凝集试验全面检疫及不定期抽查检疫。

对40～60 d及以上的中雏也可进行检疫，淘汰阳性鸡及可疑鸡。对有病鸡群，应每隔2～4周检疫1次，经3～4次后一般可把带菌鸡全部检出淘汰，但有时也需反复多次才能检出。

(2)孵化时，用季胺类消毒剂喷雾消毒孵化前的种蛋，拭干后再入孵。不安全鸡群的种蛋，不得进入孵房。每次孵化前孵房及所有用具要用甲醛消毒。对引进的鸡要注意隔离及检疫。

(3)加强育雏饲养管理卫生，鸡舍及一切用具要注意经常清洁消毒。育雏室及运动场保持清洁干燥，饲料槽及饮水器每天清洗1次，并防止被鸡粪污染。育雏室温度维持恒定，采取高温育雏，并注意通风换气，避免过于拥挤。饲料配合要适当，保证含有丰富的维生素A。不用孵化的废蛋喂鸡。防止雏鸡发生啄癖。若发现病雏，要迅速隔离消毒。此外，在禽场范围内须防止飞禽或其他动物进入散播病原。

(4)药物预防。雏鸡出壳后每立方米用福尔马林14 mL或高锰酸钾7 g，在出雏器中熏蒸15 min。用0.01%高锰酸钾溶液作饮水1～2 d。在鸡白痢易感日龄期间，用0.02%呋喃唑酮作饮水，或在雏鸡粉料中按0.02%比例拌入呋喃唑酮或按0.5%比例加入磺胺类药，有利于控制鸡白痢的发生。

十二、鸡球虫病

(一)流行特征

各个品种的鸡对鸡球虫病均有易感性，15～50日龄的鸡发病率和致死率都较高，成年鸡对球虫有一定的抵抗力。病鸡是主要传染源，凡被带虫鸡污染过的饲料、饮水、土壤和用具等，都有球虫卵囊存在。鸡感染球虫的途径主要是吃了感染性球虫卵囊。人及其衣服、用具等，以及某些昆虫都可成为机械传播者。

球虫病在饲养管理条件不良，鸡舍潮湿、拥挤，卫生条件恶劣时，最易发病；在潮湿多雨、气温较高的梅雨季节易暴发。

球虫虫卵的抵抗力较强，在外界环境中一般的消毒剂不易将其灭杀，其生活力在土壤中可保持4～9个月，在有树荫的地方可达15～18个月。球虫卵囊对高温和干燥的抵抗力较弱，当空气相对湿度为21%～33%时，柔嫩艾美耳球虫的卵囊在18～40 ℃温度下，经1～5 d就会死亡。

(二)临床症状

病鸡精神沉郁,羽毛蓬松,头卷缩,食欲减退,嗉囊内充满液体,鸡冠和可视黏膜贫血、苍白,逐渐消瘦。病鸡常排红色胡萝卜样粪便,若感染柔嫩艾美耳球虫,开始时粪便为咖啡色,以后变为完全的血粪,如不及时采取措施,致死率可达 50% 以上。若多种球虫混合感染,则粪便中带血液,并含有大量脱落的肠黏膜。

(三)病理变化

病鸡消瘦,鸡冠与可视黏膜苍白,内脏变化主要发生在肠管,病变部位和程度与球虫的种别有关。

(1)柔嫩艾美耳球虫主要侵害盲肠,两支盲肠显著肿大,可为正常的 3 ~5 倍,肠腔中充满凝固的或新鲜的暗红色血液,盲肠上皮变厚,有严重的糜烂。艾美耳球虫损害小肠中段,使肠壁扩张、增厚,有严重的坏死。在裂殖体繁殖的部位,有明显的淡白色斑点,黏膜上有许多小出血点。肠管中有凝固的血液或有胡萝卜色胶冻状内容物。

(2)巨型艾美耳球虫损害小肠中段,可使肠管扩张,肠壁增厚,内容物黏稠,呈淡灰色、淡褐色或淡红色。

(3)堆型艾美耳球虫多在上皮表层发育,并且同一发育阶段的虫体常聚集在一起,在被损害的肠段出现大量淡白色斑点。

(4)哈氏艾美耳球虫损害小肠前段,肠壁上出现大头针头大小的出血点,黏膜有严重的出血。

(5)若多种球虫混合感染,则肠管粗大,肠黏膜上有大量的出血点,肠管中有大量的带有脱落的肠上皮细胞的紫黑色血液。

(四)防治措施

成鸡与雏鸡分开喂养,以免带虫的成年鸡散播病原导致雏鸡暴发球虫病。

1. 加强饲养管理

保持鸡舍干燥、通风和鸡场卫生,定期清除粪便,堆放发酵以杀灭卵囊。保持饲料、饮水清洁,笼具、料槽、水槽定期消毒,一般每周 1 次,可用沸水、热蒸汽或 3% ~5% 热碱水等处理。据报道,用球杀灵和 1∶200 的农乐溶液消毒鸡场及运动场,均对球虫卵囊有强大杀灭作用。每千克日粮中添加 0.25 ~0.5 mg 硒可增强鸡

对球虫的抵抗力。补充足够的维生素 K 和给予 3 ~ 7 倍推荐量的维生素 A 可加速病鸡的康复。

2. 免疫预防

据报道，应用鸡胚传代致弱的虫株或早熟选育的致弱虫株给鸡免疫接种，可使鸡对球虫病产生较好的预防效果。亦有人利用强毒株球虫采用少量多次感染的涓滴免疫法给鸡接种，可使鸡获得较强的免疫力，但此法使用的是强毒球虫，易造成病原散播，生产中应慎用。此外，有关球虫疫苗的保存、运输、免疫时机、免疫剂量及免疫保护性和疫苗安全性等诸多问题，均有待进一步研究。

3. 药物防治

迄今为止，国内外对鸡球虫病的防治主要是依靠药物，使用的药物有化学合成的抗球虫药和抗生素两大类。从 1936 年首次出现专用抗球虫药以来，已报道的抗球虫药达 40 余种，现今广泛使用的有 20 余种。我国养鸡生产上使用的抗球虫药品种包括氯苯胍、氯羟吡啶（可球粉、可爱丹）、氨丙啉、硝苯酰胺（球痢灵）、呋喃唑酮、莫能霉素、盐霉素（球虫粉、优素精）、奈良菌素、马杜拉霉素（抗球王、杜球、加福）、阿波杀、常山酮（速丹）等。

第四节 采样解剖技术

一、鸡翅静脉采血

（一）操作步骤

助手将鸡侧卧保定，展开翅膀，露出腋窝部，拔掉羽毛，用镊子夹取碘附棉球在翅静脉处由里向外做点状螺旋式消毒。

施术者一手拇指压迫近心端，待血管怒张后，另一手持采血器将针头平行刺入静脉，同时放松对近心端的按压，缓缓抽取血液，采血量不少于 2 mL。拔出针头时用干棉球压迫采血处止血，避免形成淤血块。

采血后，将采血器活塞外拉预留血清析出空间，并套上护针帽，去除推杆，在采血器上标明样品编号,插入试管架。

(二)注意事项

采血完毕,规范填写采样单,并做好废弃物的处置。

二、鸡心脏采血

(一)操作步骤

将鸡取右侧卧保定或仰卧保定。

右侧卧保定采血:助手抓住鸡两翅及两腿,右侧卧保定,在触及心搏动明显处,或胸骨脊前端至背部下凹处连线的1/2处消毒(用镊子夹取碘附棉球由里向外做点状螺旋式消毒),施术者持采血器垂直或稍向前方将针头刺入2~3 cm,回抽见有回血时,即把针芯向外拉使血液流入采血器。采血量不少于2 mL,拔出针头时用干棉球压迫止血。

仰卧保定采血:助手将鸡仰卧保定,使鸡胸骨朝上,施术者用手指压迫嗉囊,露出胸前口,消毒(用镊子夹取碘附棉球由里向外做点状螺旋式消毒),用装有长针头的采血器,将针头沿其锁骨俯角刺入,顺着体中线方向水平刺入心脏。采血量不少于2 mL,拔出针头时用干棉球压迫止血。

采血后,将采血器活塞外拉预留血清析出空间,并套上护针帽,去除推杆,在采血器上标明样品编号,插入试管架。

采血完毕,规范填写采样单,并做好废弃物的处置。

(二)注意事项

确定心脏部位,切忌将针头刺入肺脏。

随着心脏的跳动频率抽取血液,切忌抽血过快。

三、鸡体解剖与采样

(一)操作步骤

(1)将鸡采用心脏注射空气的方法致死。

(2)将致死鸡浸于消毒液中,浸湿羽毛,洗去尘垢、污物。

(3)先将腹壁和大腿内侧的皮肤切开,用力将大腿按下,使髋关节脱臼,将两大腿向外展开,从而固定鸡体。

(4)于胸骨末端后方将皮肤横切,与两侧大腿的竖切口连接,然后将胸骨末端后方的皮肤拉起,向前分离到头部,使整个胸腹及颈部的皮下组织和肌肉充分暴露。

(5)在胸骨后腹部横切穿透腹壁,从胸骨两侧向前方剪断肋骨和乌喙骨,然后将胸骨用力向上向前翻转,暴露体腔。

(6)对剪刀和镊子消毒,采集肝脏(不带胆囊的一叶)。

(7)对剪刀和镊子消毒,采集脾脏。

(8)对剪刀和镊子消毒,采集肾脏(单侧、2/3 以上)。

(9)对剪刀和镊子消毒,采集肺脏(单侧、2/3 以上)。

(10)对剪刀和镊子消毒,从口腔下剪,剪开颈部皮肤肌肉,使喉头暴露;对剪刀和镊子消毒,采集喉头气管。

(11)剪开头部皮肤,对剪刀和镊子消毒,用酒精棉球擦拭消毒头骨,打开头骨;对剪刀和镊子消毒,采集脑组织(1/3 以上)。

(12)操作结束后,规范填写采样单,做好废弃物的处置,并将鸡尸体装袋。

(二)注意事项

(1)剪刀和镊子的消毒采用火焰消毒法。

(2)采集样品时依次按照肝、脾、肾、肺、喉头气管、脑的顺序采集,采集的组织分别放入事先准备的器皿中。

第五章　无害化处理

第一节　无害化处理定义

病死畜禽无害化处理是指用物理、化学等方法处理病死畜禽及相关畜禽产品，消灭其所携带的病原体，消除病死畜禽的危害，进而保护环境的过程。

第二节　常用无害化处理方法

无害化处理的主要方法有焚烧法、化制法、掩埋法、发酵法等。下面主要介绍焚烧法及掩埋法。

一、焚烧法

焚烧法是指在焚烧容器内，使动物尸体及相关动物产品在富氧或无氧条件下进行氧化反应或热解反应的方法，适用于病死禽及其产品的无害化处理。焚烧法又可分为直接焚烧法和炭化焚烧法两种。在实际生产中，因条件所限，常用直接焚烧法。

生态禽养殖一般在空旷的山林地，树木较多，周边植被较多。直接焚烧在选址及设备选择时，首先应充分考虑焚烧垃圾对环境的影响，以及可能引发的植被火灾、烟雾对家禽呼吸道的影响、对生态环境带来的危害等。地点应在养殖场地的一

角，下风处，紧邻“三废”处理点，便于废物收纳运输处理。设备的选择上，因焚烧需要温度≥850 ℃，燃烧尽量在密闭设施内，形成负压状态，避免焚烧过程中的烟气泄露，可选择适宜规模的焚烧炉或铁皮油桶改造的焚烧桶。

为了保证完全燃烧不产生有害气体，要控制好焚烧鸡只的数量和频率，一般按照每立方米50 kg对鸡尸体及其产品进行焚烧。为保证鸡尸体完全燃烧，最好将鸡尸体胸腔打开。有条件的，可配备烟气净化系统或设施，通过水过滤或吸附装置，可有效避免烟气对环境的影响。

二、掩埋法

掩埋法是指按照相关规定，将动物尸体及相关动物产品投入化尸窖或掩埋坑中并覆盖、消毒，发酵或分解动物尸体及相关动物产品的方法。掩埋法又可分为直接掩埋法和化尸窖法。

1. 直接掩埋法

直接掩埋法是根据需要按照相关的技术要求挖坑深埋动物尸体及相关动物产品。掩埋坑选址应选择地势较高、干燥、处于下风向的地点；应远离饲养点、动物屠宰加工场所、动物隔离场所、动物诊疗场所、动物和动物产品集贸市场、生活饮用水源地；应远离城镇居民区、文化教育科研区等人口集中区域，主要河流及公路、铁路等主要交通干线。掩埋坑容积与实际处理动物尸体及相关动物产品数量应相适应；掩埋坑底应高出地下水位1.5 m以上，要防渗、防漏；坑底撒一层厚2～5 cm的生石灰或漂白粉等消毒药；将尸体及相关动物产品投入坑内，最上层距离地表1.5 m以上；覆土厚度不少于1 m。

2. 化尸窖法

化尸窖法是根据相应的技术要求提前打造好密闭空间，直接将病死禽或其产品投放其中，此种方法一般在中大型规模养殖场采用。选址应结合本场地形特点，宜建在下风向，应远离饲养场点、动物屠宰加工场所、动物隔离场所、动物诊疗场所、动物和动物产品集贸市场、泄洪区、生活饮用水源地；应远离居民区、公共场所，主要河流、公路、铁路等主要交通干线。

第三节　废弃物处理

养鸡场废弃物（主要指粪便、污水、用过的垫料和其他污染物）往往含有大量病原，因此不可随意排放或丢弃，应建设专门的收集池，集中处理。鸡粪、垫料废弃物要用专车通过专用通道运出鸡舍进行堆积发酵等无害化处理；养殖场应建有化粪池，避免粪水直接进入环境。污水应根据情况应用物理、化学或生物方法进行净化处理。

第六章　日常管理与销售

第一节　进出栏与生产记录

一、出　栏

出栏前 6 ~ 8 h 停喂饲料，但可以自由饮水。上市前 7 d，饲喂不含任何药物及药物添加剂的饲料，严格执行休药期规定。

二、生产记录

（1）完善生产记录档案，建立可追溯体系。

（2）建立饲养档案，记录饲养品种、数量、生产记录、标识情况、来源和淘汰日期。

（3）建立投入品档案，记录饲料、饲料添加剂、兽药等投入品的来源、名称、使用对象、时间和用量。

（4）建立防疫档案，记录鸡群的健康状况、日死亡数、死亡原因、免疫、消毒、废弃物无害化处理情况。

（5）建立销售档案，完善禽蛋检测记录，活禽检疫记录，产品出售日期、数量，购买单位名称、地址、联系方式等信息。

（6）建立来访档案，记录外来人员进出场时间、人数、来访原因等。

（7）严格执行畜牧兽医行政主管部门规定的其他内容。

（8）所有档案记录应保存 2 年以上。

第二节　产品标识

每只放养鸡出栏时应标识以下内容：鸡的品种名称、放养日龄、养殖单位名称、养殖场地址及联系方式等。放养土鸡日龄标识参见表3。

表3　放养土鸡日龄标识

类　别	放养日龄/d	标识方式
肉用土鸡	120	“放养 120 天”
	150	“放养 150 天”
产蛋母鸡	≥180	“放养 180 天”
	≥360	“放养 360 天”

第三节　检疫、销售与运输

（1）每批放养鸡应按国家相关要求进行检疫，取得检疫合格证明后方可出栏。

（2）放养鸡出售前应禁食6～8 h，抓鸡、装笼、搬运、装卸过程动作要轻，以防挤压和碰伤。

（3）运输工具在运输前应清洁、消毒，运输过程中应防止排泄物泄露。

附　图

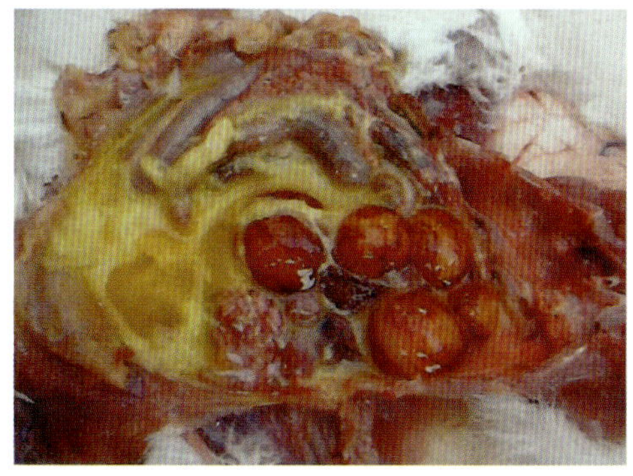
禽流感：病鸡卵泡严重出血，腹腔有多量卵黄液

禽流感：病鸡腺胃乳头肿大、充血、出血

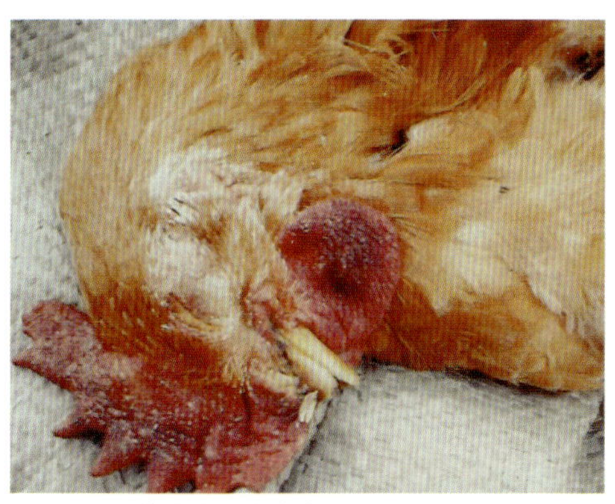
禽流感：病鸡鸡冠和肉髯发紫

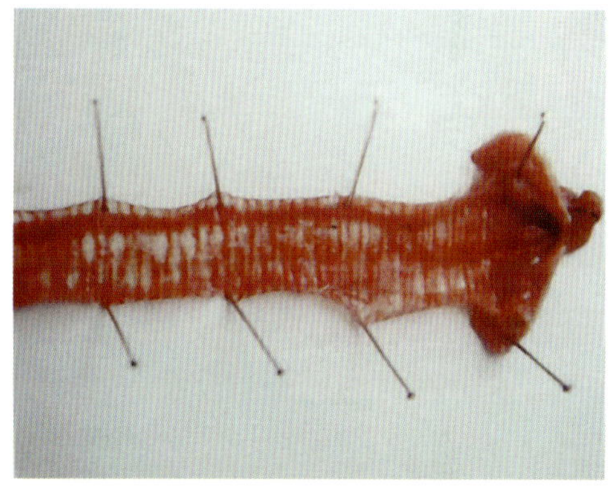
禽流感：病鸡喉头黏膜出血、气管环黏膜出血

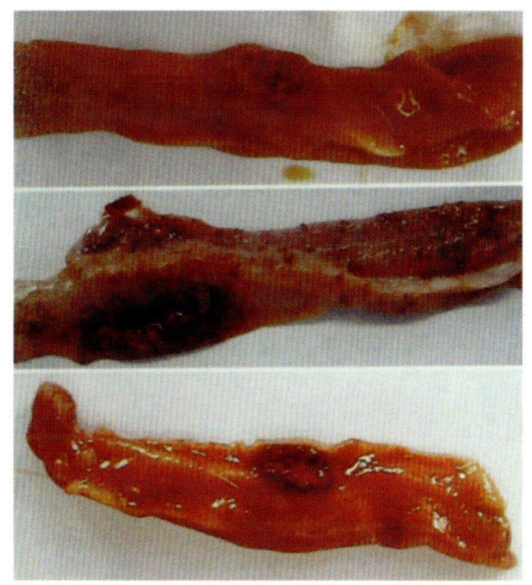
新城疫：病鸡肠道黏膜有鲜红出血斑

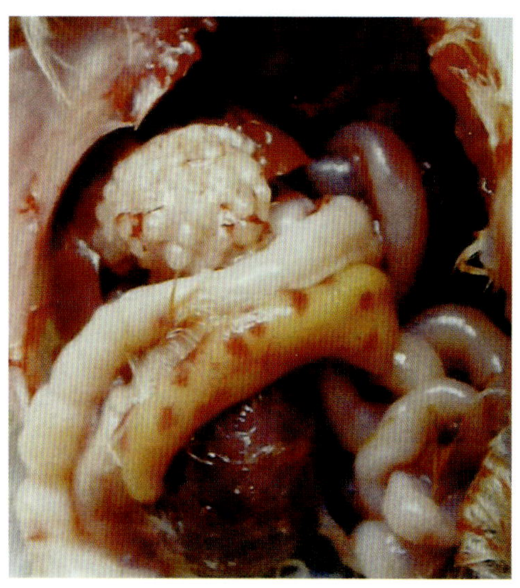
新城疫：病鸡十二指肠枣核形或条索状出血

新城疫：非典型病鸡腺胃与肌胃连接处有出血带

新城疫：病雏鸡有勾头神经症状

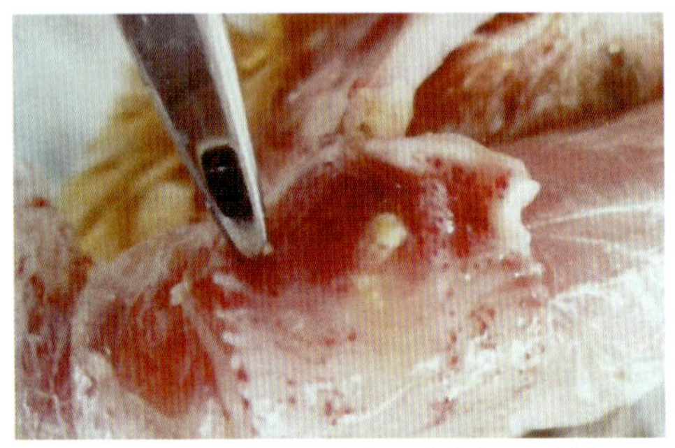
鸡传染性喉气管炎：病鸡喉头黏膜有弥漫性出血

鸡传染性喉气管炎：病鸡气管有血痰

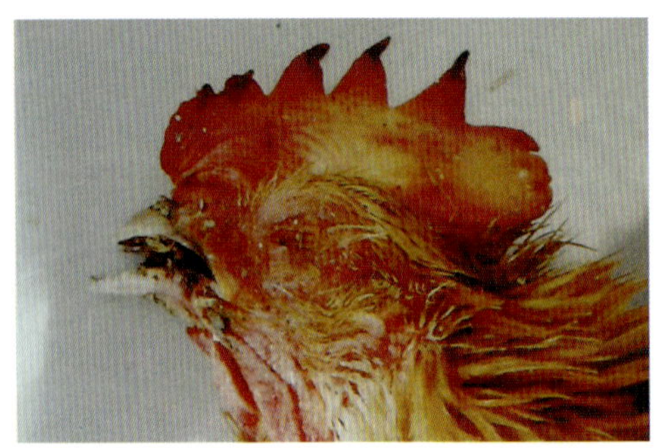
鸡传染性喉气管炎：病鸡闭眼，冠尖部发紫

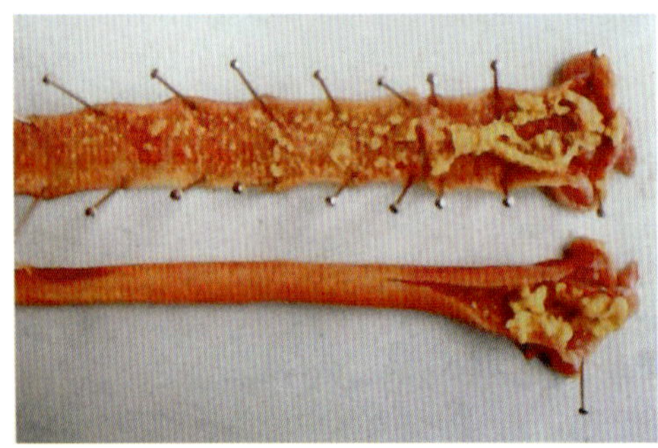
鸡传染性喉气管炎：病鸡喉头有黄白色干酪样物

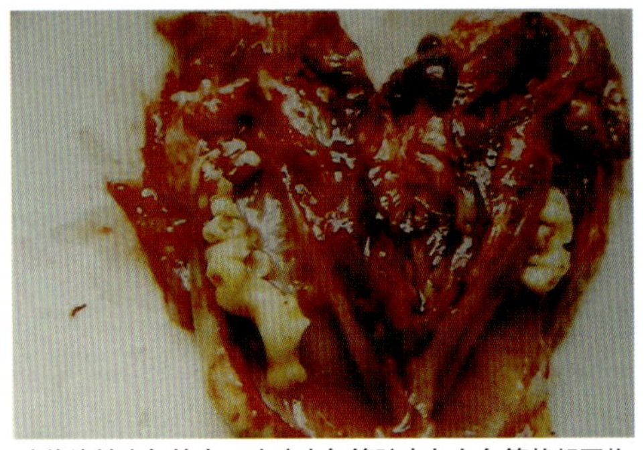
鸡传染性支气管炎：病鸡支气管腔内灰白色管状凝固物

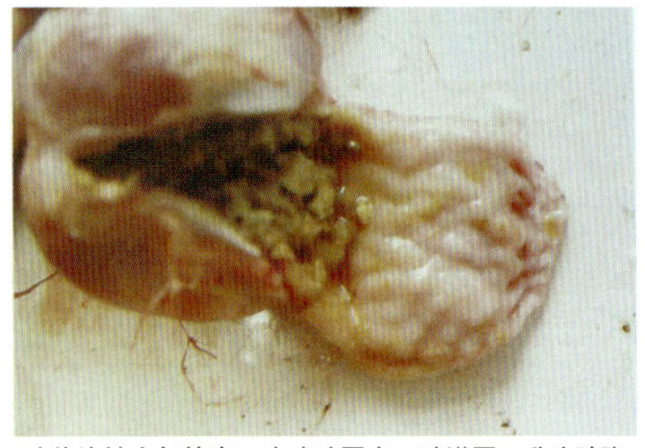
鸡传染性支气管炎：病鸡腺胃大，壁增厚，乳头肿胀

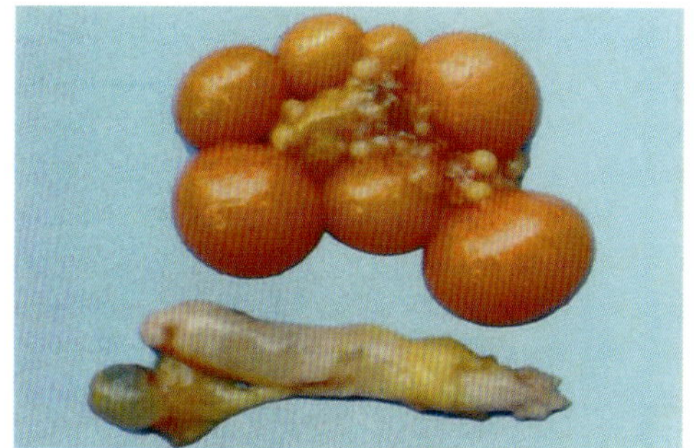

鸡传染性支气管炎：病鸡输卵管短而闭塞

鸡传染性支气管炎：病鸡肾肿大、色变淡

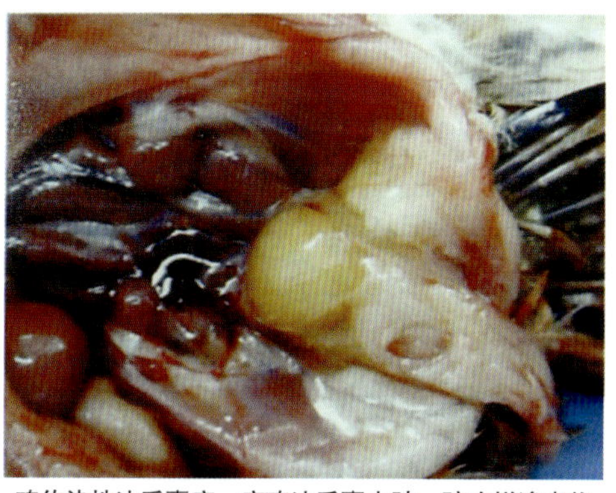

鸡传染性法氏囊病：病鸡法氏囊水肿，胶冻样渗出物

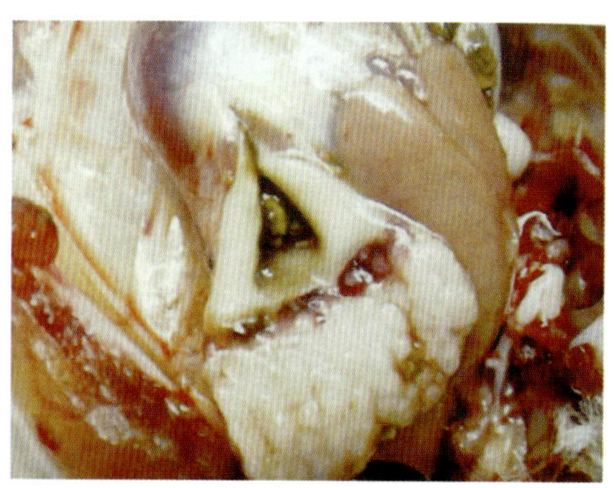

鸡传染性法氏囊病：病鸡黏膜出血条块，腺胃乳头

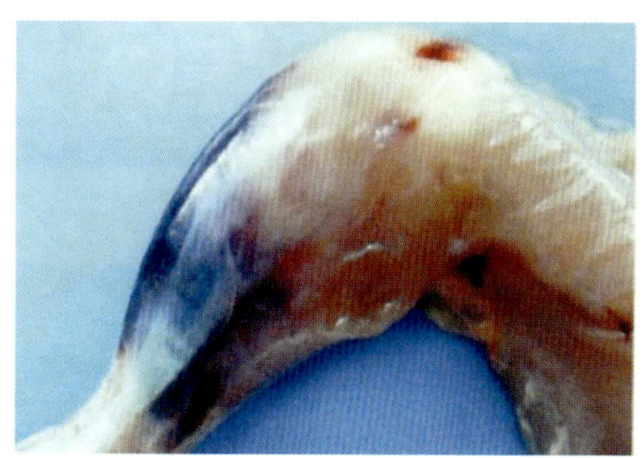

鸡传染性支气管炎：病鸡腿部肌肉点状、条纹状出血

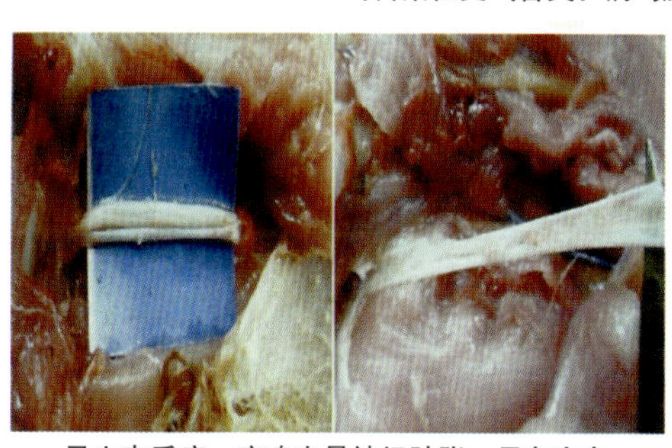

马立克氏病：病鸡坐骨神经肿胀，呈灰白色

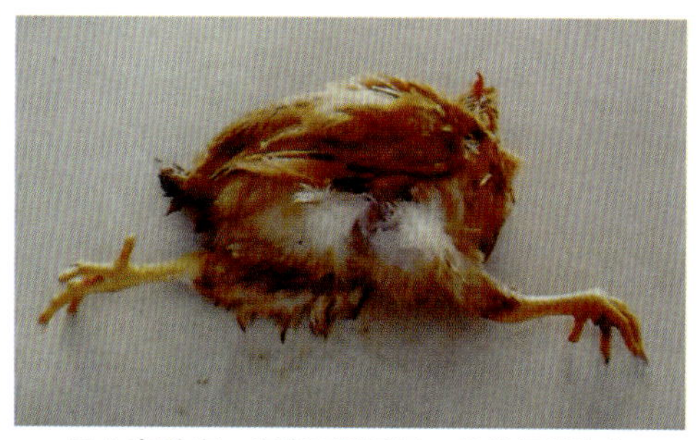

马立克氏病：病鸡两腿叉开，呈特征性姿态

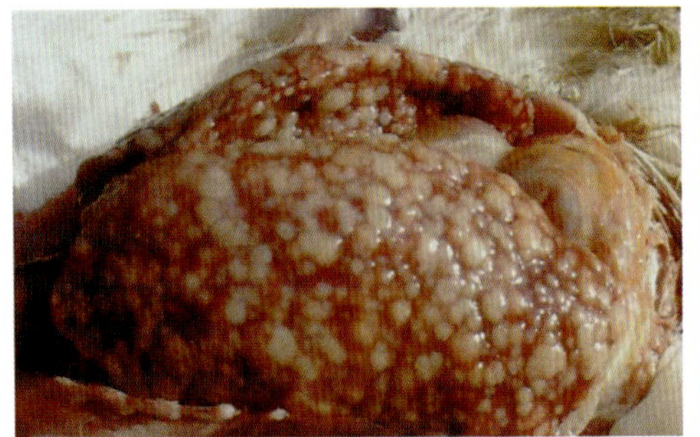
马立克氏病：病鸡肝肿大，略凸于肝脏表面，具肿瘤结节

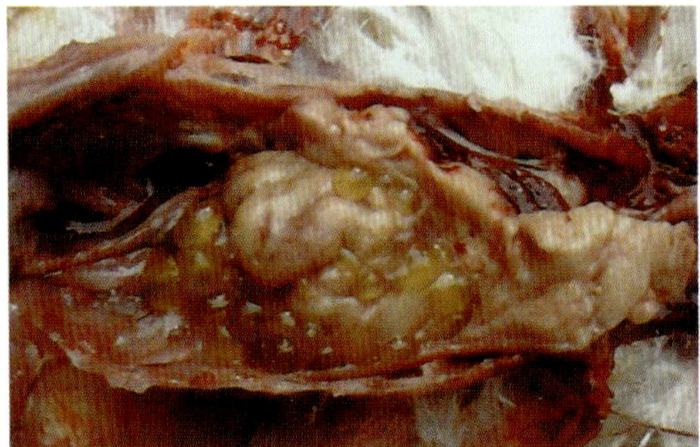
马立克氏病：病鸡卵巢肉变，表面具淡绿色液状囊肿

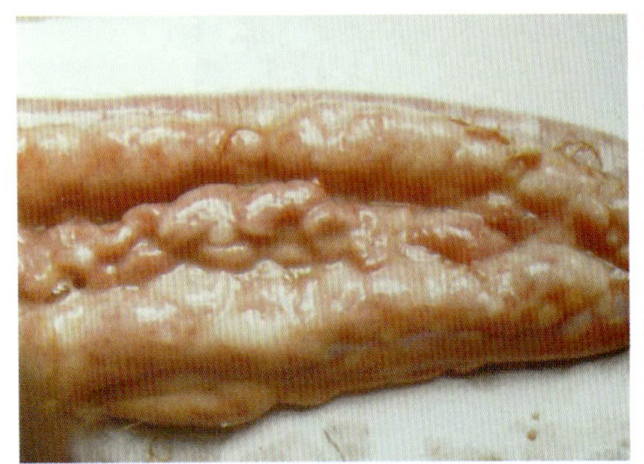
鸡白血病：病鸡肠系膜有弥漫性肉色肿瘤结节

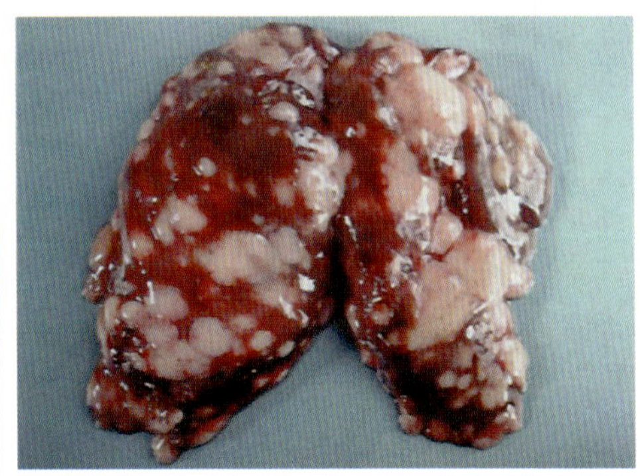
鸡白血病：病鸡肝脏上有大小不一灰白色肿瘤结节

鸡白血病：骨硬化症病鸡跖骨变宽、变扁

鸡白血病：血管瘤病鸡卵巢卵泡具多量血管瘤

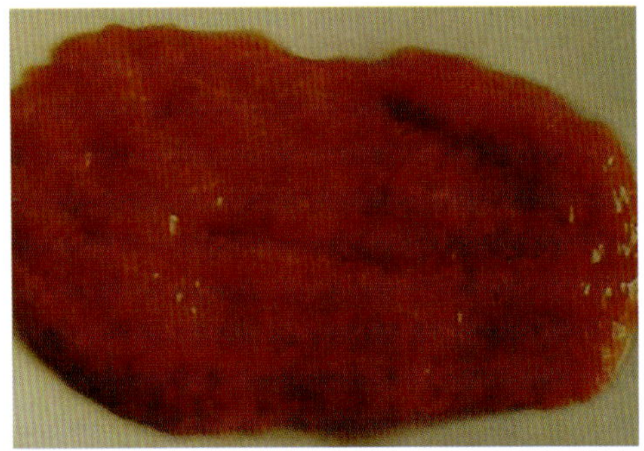
产蛋下降综合征：病鸡子宫增大，黏膜肥厚、水肿

产蛋下降综合征：病鸡产大量畸形蛋、软壳蛋

产蛋下降综合征：病鸡卵巢发炎变形、溶化

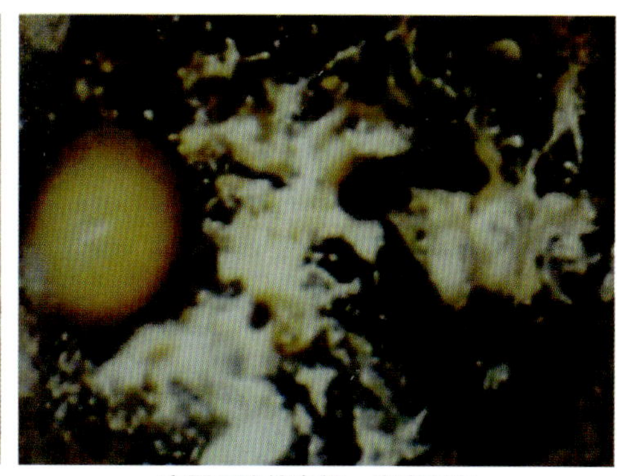
产蛋下降综合征：病鸡下痢

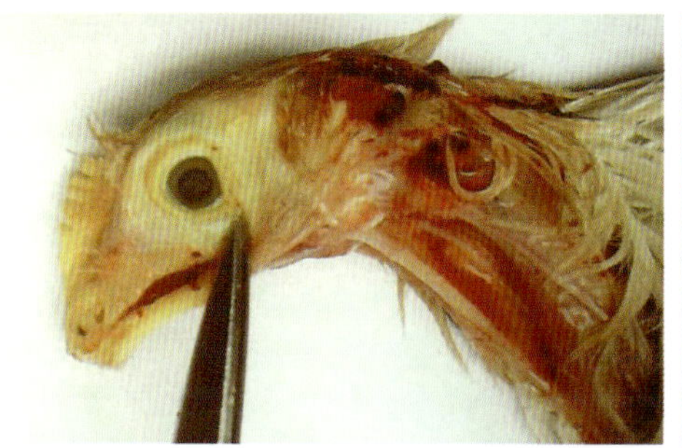
禽传染性脑脊髓炎：病鸡虹膜颜色变浅，瞳孔灰白

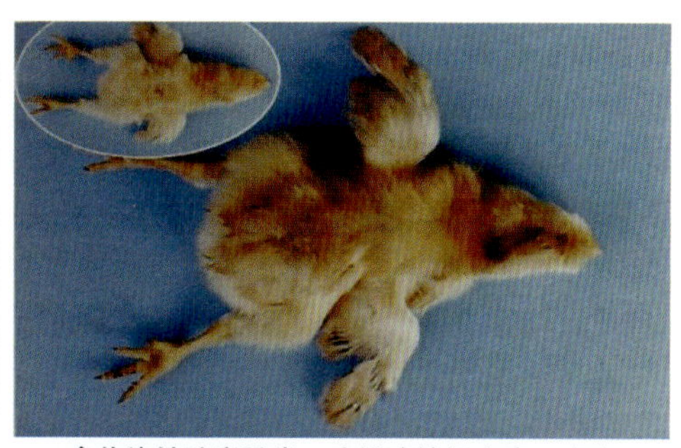
禽传染性脑脊髓炎：病雏鸡神经麻痹、瘫痪

禽传染性脑脊髓炎：病鸡关节着地，头颈朝天

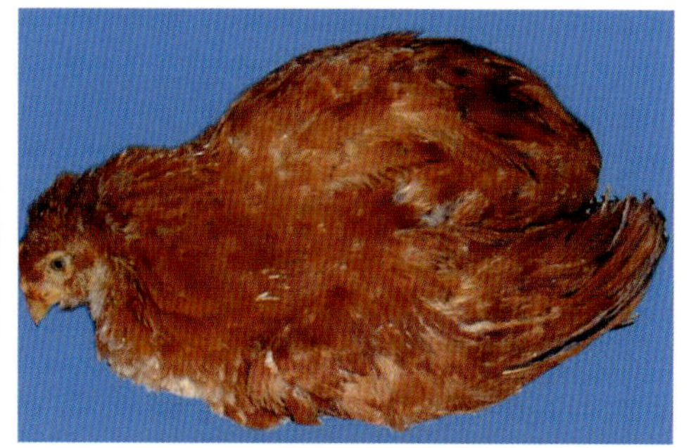
禽传染性脑脊髓炎：病鸡侧卧于地

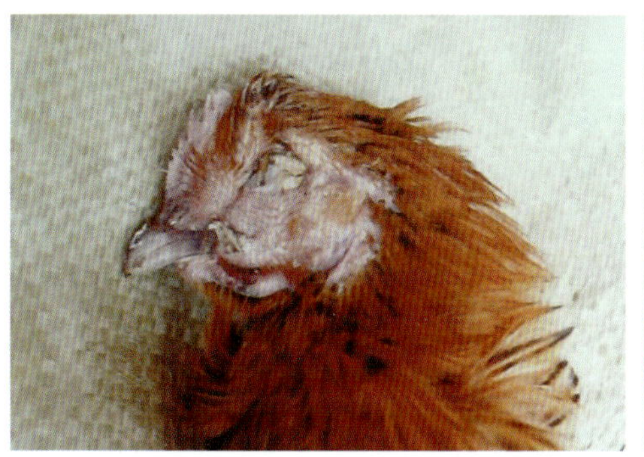
禽霍乱：病鸡眼紧闭，鸡冠、肉髯皮肤发紫

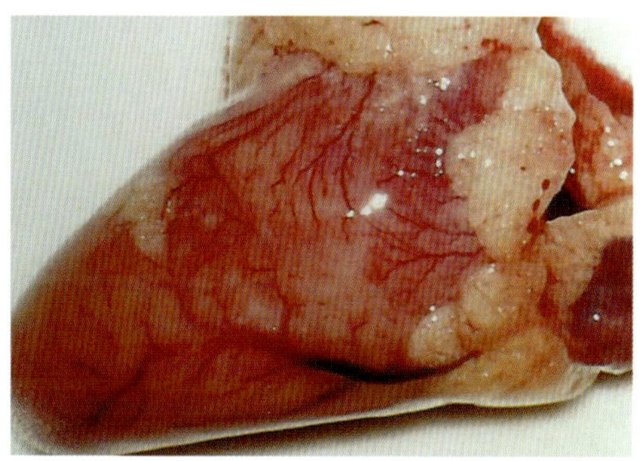
禽霍乱：病鸡心肌充血，冠状脂肪

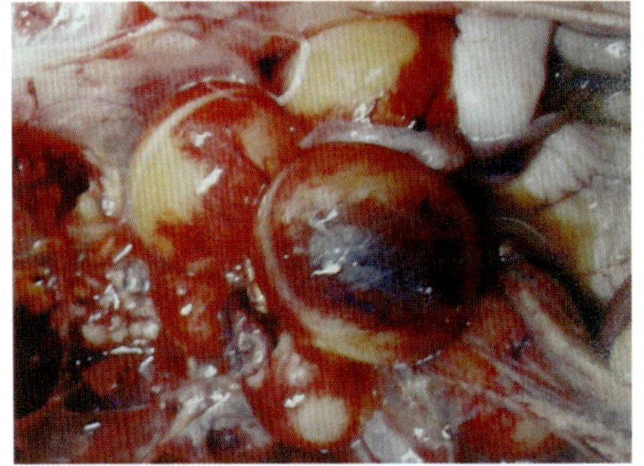
禽霍乱：病母鸡卵泡膜充血、出血

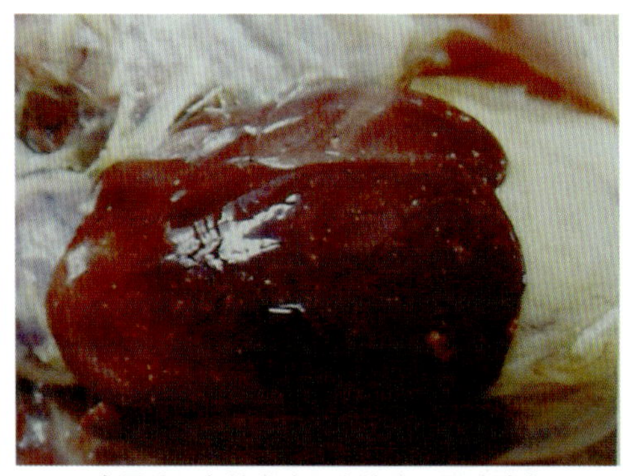
禽霍乱：急性发病死亡的鸡，肝脏肿大

鸡白痢：病雏鸡排白色稀粪，糊肛

鸡白痢：病雏鸡精神委顿，呆立不动

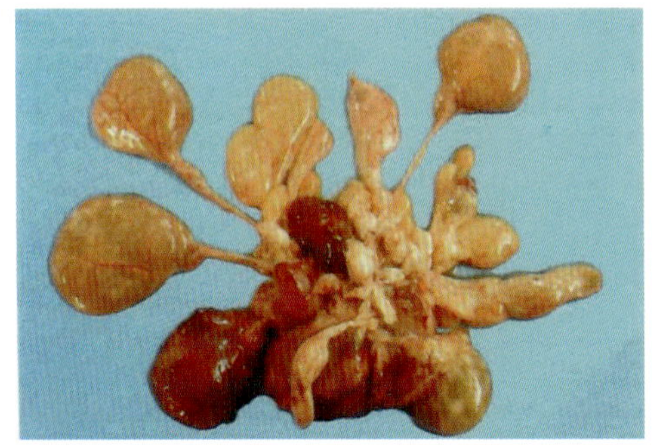
鸡白痢：成年病鸡卵泡变形、变色，卵黄蒂变长

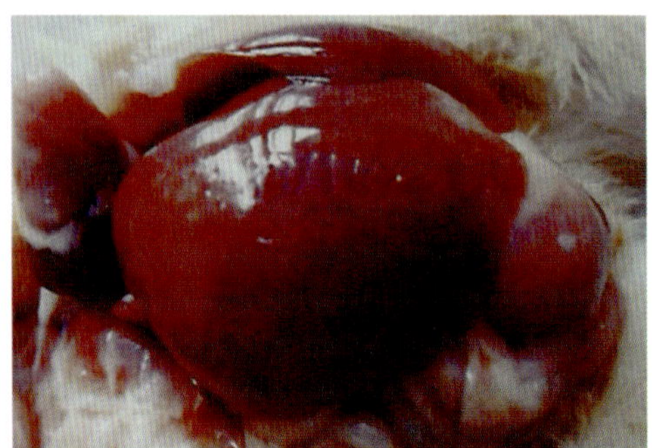
鸡白痢：病鸡肝肿大、出血，有细小坏死点

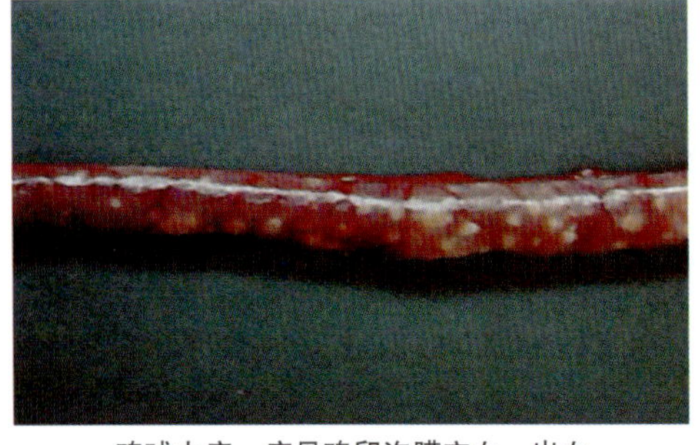
鸡球虫病：病母鸡卵泡膜充血、出血

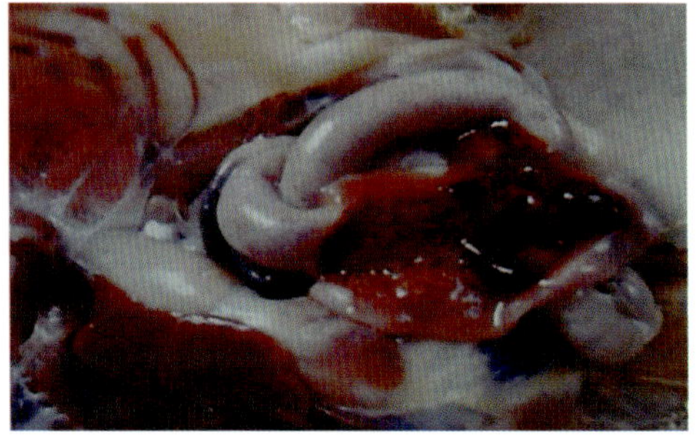
鸡球虫病：急性发病死亡的鸡肝脏肿大

鸡球虫病：被侵害盲肠肿大出血、糜烂

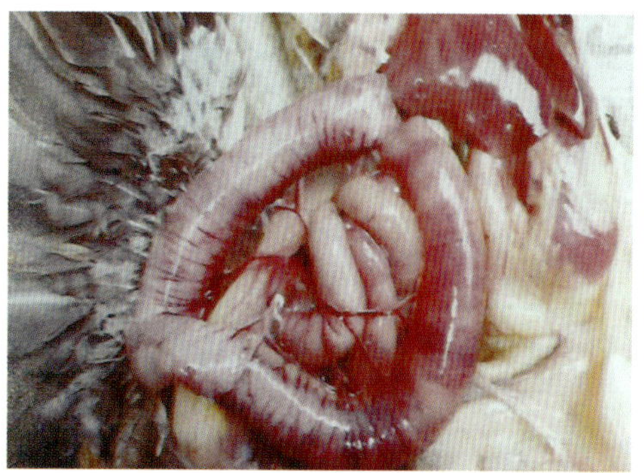

鸡球虫病：繁殖部位出现淡白色斑点及黏膜出血点

项目示范生产基地

项目示范生产基地

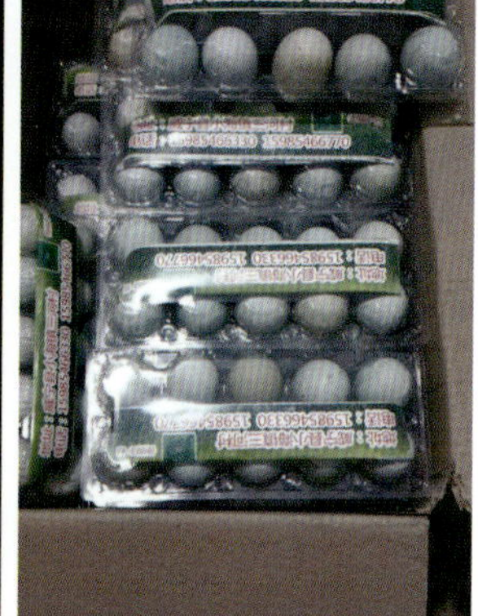

项目示范基地出产的鸡蛋

放养鸡舍

放养鸡舍

放养鸡舍

放养鸡

放养鸡

放养鸡

放养鸡

放养鸡鸡蛋